BIM 应用工程师丛书

中国制造 2025 人才培养系列丛书

BIM 建模工程师教程

工业和信息化部教育与考试中心　编

机 械 工 业 出 版 社

本书是建筑信息模型（BIM）专业技术技能培训考试（初级）的配套教材。全书共分为 4 部分，以 Revit 2019 为操作平台，由浅到深、循序渐进地讲解软件基础、基础建模、定制化建模以及基础 BIM 应用，并配以大量的制作实例，使用户能更好地巩固所学知识。书中穿插有大量的技术要点，旨在让初学者快速掌握模型搭建技巧，帮助初学者快速入门。

本书不仅可以作为建筑信息模型（BIM）专业技术技能培训考试用书，还可作为零基础的 BIM 初学者，以及从事建筑工程行业多年，想学习了解 BIM 技术，重新"充电"的工程技术人员的学习参考用书。

图书在版编目（CIP）数据

BIM 建模工程师教程／工业和信息化部教育与
考试中心编. —北京：机械工业出版社，2018.12（2022.2 重印）
（BIM 应用工程师丛书. 中国制造 2025 人才培养系列丛书）
ISBN 978－7－111－61429－6

Ⅰ.①B… Ⅱ.①工… Ⅲ.①建筑设计–计算机辅助
设计–应用软件–教材 Ⅳ.①TU201.4

中国版本图书馆 CIP 数据核字（2018）第 261347 号

机械工业出版社（北京市百万庄大街 22 号 邮政编码 100037）
策划编辑：李 莉 责任编辑：李 莉
责任校对：潘 蕊 责任印制：常天培
封面设计：鞠 杨
固安县铭成印刷有限公司印刷
2022 年 2 月第 1 版·第 2 次印刷
184mm×260mm·18.75 印张·503 千字
标准书号：ISBN 978－7－111－61429－6
定价：76.00 元

丛书编委会

编委会

出版说明

为增强建筑业信息化发展能力，优化建筑信息化发展环境，加快推动信息技术与建筑工程管理发展深度融合，工业和信息化部教育与考试中心聘任 BIM 专业技术技能项目工作组专家（工信教〔2017〕84 号），成立了 BIM 项目中心（工信教〔2017〕85 号），承担 BIM 专业技术技能项目推广与技术服务工作，并且发布了《建筑信息模型（BIM）应用工程师专业技术技能人才培训标准》（工信教〔2018〕18 号）。该标准的发布为专业技术技能人才教育和培训提供了科学、规范的依据，其中对 BIM 人才岗位能力的具体要求标志着行业 BIM 人才专业技术技能评价标准的建立健全，这将有利于加快培养一支结构合理、素质优良的行业技术技能人才队伍。

基于以上工作，工业和信息化部教育与考试中心以《建筑信息模型（BIM）应用工程师专业技术技能人才培训标准》为依据，组织相关专家编写了本套 BIM 应用工程师丛书。本套丛书分初级、高级、中级。初级针对 BIM 入门人员，主要讲解 BIM 建模、BIM 基本理论；中级针对各行各业不同工作岗位的人员，主要培养运用 BIM 的技术技能；高级针对项目负责人、企业负责人，将 BIM 技术融入管理。本套丛书具有以下特点：

1. 整套丛书围绕《建筑信息模型（BIM）应用工程师专业技术技能人才培训标准》编写。要求明确，体系统一。

2. 为突出广泛性和实用性，编写人员涵盖建设单位、咨询企业、施工企业、设计单位、高等院校等。

3. 根据读者不同基础，分适用层次编写。

4. 将理论知识与实际操作融为一体，理论知识以够用、实用为原则，重点培养操作能力和思维方法。

希望本套丛书的出版能够提升相关从业人员对 BIM 的认知和掌握程度，为培养市场需要的 BIM 技术人才、管理人才起到积极推动作用。

本丛书编委会

序

  国务院办公厅在国办发〔2017〕19 号文件中提出"加快推进建筑信息模型（BIM）技术在规划、勘察、设计、施工和运营维护全过程的集成应用，实现工程建设项目全生命周期数据共享和信息化管理，为项目方案优化和科学决策提供依据，促进建筑业提质增效。"国家发展和改革委员会（发改办高技〔2016〕1918 号文件）提出支撑开展"三维空间模型（BIM）及时空仿真建模"。同时，住建部、水利部、交通运输部等部委，铁路、电力等行业，以及各地房管局、造价站、质监局等均在大力推进 BIM 技术应用。建筑业信息化是建筑业发展战略的重要组成部分，也是建筑业发展方式、提质增效、节能减排的必然要求。

  工业和信息化部教育与考试中心依据当前建筑行业信息化发展的实际情况，组织有关专家，根据 BIM 人才培训标准，编写了本套 BIM 应用工程师丛书。希望本套丛书能为我国 BIM 技术的发展添砖加瓦，为广大建筑业的从业者和 BIM 技术相关人员带来实质性的帮助。在此，也诚挚地感谢各位 BIM 专家对此丛书的研发、充实和提炼。

  这不仅是一套 BIM 技术应用丛书，更是一笔能启迪建筑人适应信息化进步的精神财富，值得每一个建筑人去好好读一读！

住房和城乡建设部原总工程师

姚兵

18/5/2018.

前　言

本书作为建筑信息模型（BIM）专业技术技能培训考试（初级）的配套教材之一，使用的软件版本为 Revit 2019。全书将建模部分的内容分解为软件基础、基础建模、定制化建模和基础 BIM 应用 4 部分。

第 1 部分主要讲解 Revit 2019 软件的基本概念、用户界面以及基础操作，读者通过这一部分的学习可初步掌握软件操作流程与基本原理。

第 2 部分基础建模，主要讲解搭建建筑模型需要用到的场地、基准图元、柱、墙、板、屋顶、楼梯坡道及附属构件等。通过这一部分命令的讲解和案例的实操分析，读者可掌握建筑模型的搭建、修改，深入掌握软件命令，理解三维构件的搭建流程及方法。

第 3 部分定制化建模主要讲解实际项目中的一些特殊构件该如何表达。通过这一部分学习，读者可掌握特殊构件的定制和体量环境的应用。

第 4 部分开始对前面章节搭建出来的模型进行基础应用。搭建模型不是一个 BIM 建模工程师的最终诉求，学习 BIM 建模之后应该要将模型应用起来，运用到实际项目中才能发挥 BIM 的最大价值。通过这一部分学习主要掌握模型的管理，碰撞检查的使用，图纸及相关明细表的创建，以及可视化的应用。

本书每章后面都有课后练习，可供读者检测自己的学习情况。本书为方便读者学习，还配套提供了书中需要用到的样板案例，读者可使用样板案例随书进行操作。习题答案和样板文件可登录 http：//zy.cmpedu.com/upload/201811030121.rar 下载或打描以下二维码下载，咨询电话：010-88379375。

由于时间紧张，书中难免存在疏漏和不妥之处，还望各位读者不吝赐教，以期再版时改正。

编　者

目　录

第 3 部分　定制化建模

第 1 部分　软件基础

PART 01

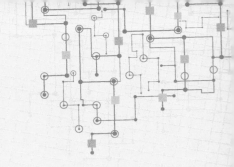

第 **1** 章　Revit 软件

技能要求：

- 掌握 Revit 软件的设计原理和相关概念
- 掌握菜单界面中的主要命令
- 掌握 Revit 软件的基本使用流程

第 1 节　Revit 软件基本概念

Revit 软件是一款三维参数化设计软件，它支持建筑信息模型（Building Information Modeling，简称"BIM"）所需的设计、图纸和明细表等功能。

1.1 项目、项目样板、族、族样板

1. 项目

在 Revit 软件中，项目文件包含了建筑的所有设计信息（从几何图形到构造数据）。这些信息用于设计模型的构件、项目视图和设计图纸。通过使用项目文件，工程师可以轻松地修改设计，还可以使修改反映在所有关联区域（如平面视图、立面视图、剖面视图、明细表等）中，仅需跟踪一个文件，方便了项目管理。

如图 1 -1 所示的项目，从模型的几何图形到构造数据都包含在当前所处项目中，可在右侧项目浏览器查看所有项目视图、设计图纸和明细表。

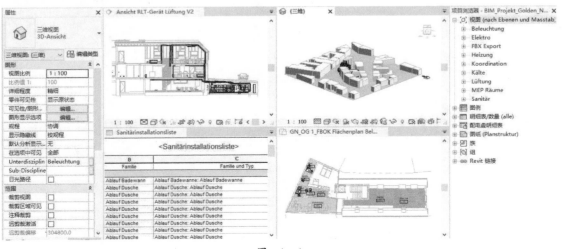

图　1 -1

2. 项目样板

项目样板为新项目提供了起点，包括视图样板、已载入的族、已定义的设置等（如单位、填充样式、线样式、线宽、视图比例等）。使用默认的建筑样板创建新项目，则建筑专业所需的构件，如墙的类型就较多一些，门窗族的类型也有一部分，但是机电专业所需的管件、机械设备族，样板中则没有，需要后期载入。

Revit 中提供了若干样板，用于不同的规程和建筑项目类型。工程师可以创建自定义样板以满足特定的需要。

3. 族

族是组成项目的基础，同时是参数信息的载体。在 Revit 软件中，所有构件图元均是族。

4. 族样板

族样板是创建族的起点，族样板中定义了族的类别，预设了创建该类别族时，所需要使用到的辅助构件、参数等，方便族的创建。

例如，在公制窗族样板中，包含窗所基于的主体，剪切的洞口，相关宽度、高度参数等，如图 1-2 所示。

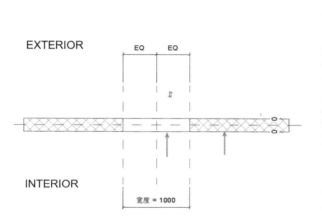

图　1-2

5. Revit 文件后缀名

如图 1-3 所示，即为 Revit 软件中文件所使用的后缀名。

文件名称	文件后缀名	文件名称	文件后缀名
项目文件	rvt	族文件	rfa
项目样板文件	rte	族样板文件	rft

图　1-3

1.2 图元

在 Revit 软件中的图元也称为族。在项目中有 3 种类型的图元：模型图元、基准图元和视图专有图元，具体分类如图 1-4 所示。

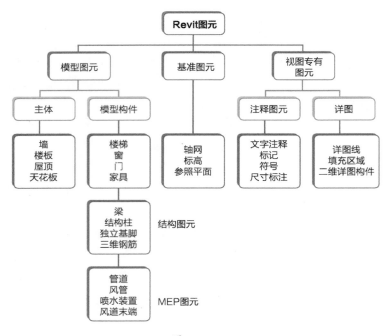

图 1-4

1) 模型图元: 表示建筑的实际三维几何图形。它们显示在模型相关的视图中。

2) 基准图元: 可帮助定义项目基准位置。

3) 视图专有图元: 只显示在放置这些图元的视图中。它们可帮助对模型进行描述或归档, 分为 2 种类型:

① 注释图元是模型进行归档并在图纸上保持比例的二维构件。

② 详图是在特定视图中提供有关建筑模型详细信息的二维构件。

1.3 类别、类型

类别: 以构件性质为基础, 根据图元的功能属性对族进行归类。

类型: 根据族具体的一类属性参数进行分类。

如图 1-5 所示, 双扇平开窗和单扇固定窗根据其功能属性, 将其类别归类为窗。不同的族可以根据不同属性可划分不同类型, 例如可根据其尺寸、是否带贴面进行划分。

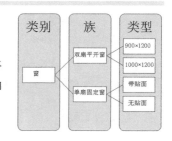

图 1-5

第 2 节 启动 Revit 软件

2.1 查看器模式

安装 Revit 软件时, 同时会安装 Revit Viewer。如图 1-6 所示, 可在电脑 "开始" 菜单中 Autodesk 文件夹下找到 Revit Viewer。

打开软件后会提示此软件和 Revit 软件的区别，允许使用的功能以及不能使用的功能，如图1-7所示。

图 1-6   图 1-7

2.2 启动界面

1. 启动界面概述

如图1-8所示，在启动界面可直接选择软件自带的样例项目及样例族后，单击"打开…"直接打开项目文件、族文件、样板文件或 Autodesk 交换文件。选择启动界面的样板，可直接使用该样板新建项目/概念体量。单击"新建…"在对话框中选择需要的样板，即可新建项目或项目样板如图1-9所示。

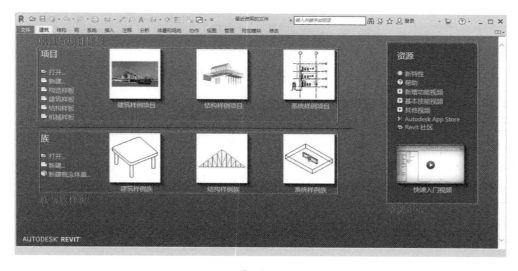

图 1-8

资源中心中提供了 Revit 软件的学习帮助、软件商店以及 Revit 社区，可进入不同的位置进行查看。

2. 帮助

（1）联机帮助

联网状态下单击选择新特性、帮助、新增功能视频、基本技能视频或其他视频，均会跳转至相应的"帮助"界面，也可在软件开启的任何界面按〈F1〉键打开"帮助"界面。

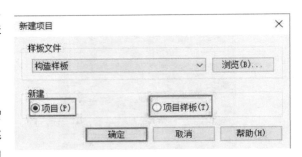

图　1-9

如图 1-10 所示，语言切换在右上角，目前支持 12 种语言。可在"导航"面板寻找，或者直接在"搜索栏"搜索所要查询的信息获取帮助。

（2）脱机帮助

Revit 软件在断网状态下，无法使用在线帮助，可使用脱机帮助。

图　1-10

在断网状态下按〈F1〉键可打开脱机帮助。若未安装脱机帮助，首次使用，软件会提示尚未安装，如图 1-11 所示。需要先下载 FeatureCAM 脱机帮助（也可打开配套文件"第 1 章 Revit 软件"文件夹中的"Autodesk_ FeatureCAM_2019_Help_ chs"）安装，可在下方对应网页中直接下载，放置在 C：\ Program Files \ Autodesk \ Revit Content 2019 Simplified Chinese \ Help 中。

图　1-11

第 3 节　用户界面

由于建筑样板即可满足初级建模工程师的日常工作需求，以下均以建筑样板新建的项目进行演示。如图 1-12 所示为以"建筑样板"新建项目后进入三维视图的用户界面。

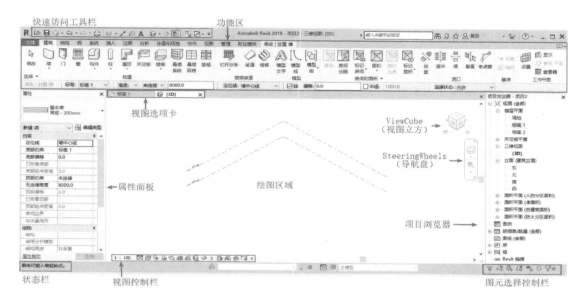

图　1-12

3.1　快速访问工具栏

1. 工具栏编辑

快速访问工具栏包含一组常用的工具，如文件的打开、保存，撤销操作，注释图元，切换至默认三维视图，细线模式（决定是否以实际线宽显示图元），切换视图等。

2. 移动快速访问工具栏

在工具栏范围内任意位置单击鼠标右键，选择"在功能区下方显示快速访问工具栏"选项（图 1-13），即可将快速访问工具栏切换到功能区下方（图 1-14）。部分电脑安装软件后，快速访问工具栏在上方无法显示，可使用该方法将其移动到下方。

图　1-13

图　1－14

3.2 文件选项卡

文件选项卡提供了基本的文件操作命令，包括新建文件、保存文件、导出文件、发布文件等。在选项中可以为 Revit 安装配置进行全局设置。

单击"文件"选项卡，在展开的下拉列表中单击右下角"选项"命令，如图 1－15 所示。弹出"选项"对话框，该对话框包括常规、用户界面、图形、硬件、文件位置、渲染、检查拼写、SteeringWheels、ViewCube、宏共十个对整个 Revit 软件进行设置的选项卡，可以对 Revit 操作条件进行设置，如图 1－16 所示。下面讲解常用的操作。

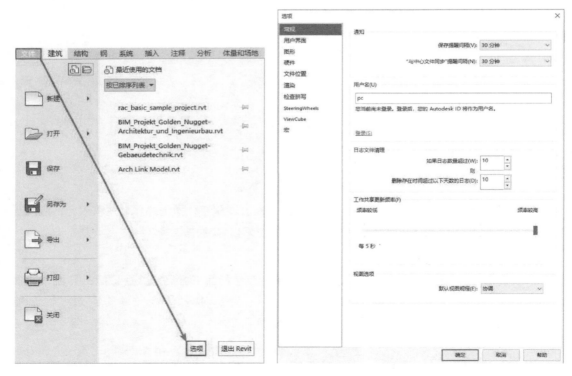

图　1－15　　　　　　　　　　　　　　　　图　1－16

1. 快捷键自定义

可通过快捷键自定义功能，为 Revit 命令添加自定义快捷键，形成操作习惯，以提高工作效率，如图 1－17 所示。

例如，建模时切换至"三维视图"的频率比较高，每次去项目浏览器中寻找该视图切换较为麻烦，便可以在此处进行快捷键设置。

在图 1 - 17 中单击"自定义"，进入"快捷键"对话框，如图 1 - 18 所示，搜索需要添加快捷键命令的关键字"三维"，之后选定所要添加快捷键的命令，在下方"按新键"中输入"3D"，单击后方"指定"，便会在上方快捷方式中显示已指定的快捷键，单击"确定"完成设置。

之后回到文件选项中，单击"确定"完成选项修改，如图 1 - 19 所示（在选项中进行修改后，都需要进行"确定"保存修改，后文不再赘述）。之后在非默认三维视图中直接输入"3D"，即可快速切换至"三维视图"。

图　1 - 17

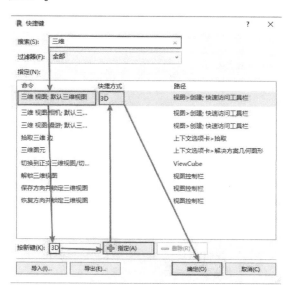

图　1 - 18

图　1 - 19

2. 背景色设置

可通过背景色的修改来调整绘图区域的背景颜色。初级建模工程师一般使用白色即可满足建模需求；中级机电应用工程师由于管线较多、颜色较为复杂，为了更好辨识管线位置，可使用黑色背景；其他专业可根据需求自行定义背景色。

如图 1 - 20 所示，单击"背景"后的颜色选择框，即可进入颜色选择界面（图 1 - 21），选择"黑色"，单击"确定"即可完成背景色修改。设置完成后如图 1 - 22 所示，绘图区域的背景便会变为黑色。

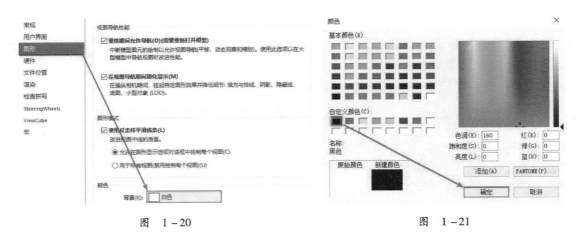

图 1-20 图 1-21

3. 文件位置

它主要用于添加项目样板文件至启动界面，改变用户文件默认位置，如图 1-23 所示。

图 1-22 图 1-23

（1）启动界面的样板位置调整

通过"↑E""↓E""+""-"命令对样板文件的显示进行上、下移动或添加、删除。如图 1-24 所示，可将经常使用的建筑样板放至第一位，单击"建筑样板"，使用"↑E"，将建筑样板的位置向上调整。之后在启动界面，即可看到调整后的显示状态，如图 1-25 所示。

图 1-24 图 1-25

（2）样板文件默认路径

软件安装后，启动界面没有默认样板，检查如图 1-26 所示路径中是否有样板，若有可直接使

用 "+"命令添加；若没有，可从其他电脑相应路径下复制至该目录下再进行添加。对应样板的中文名称如图 1−27 所示。

| 图　1−26 | 图　1−27 |

 注意： ProgramData 是隐藏文件夹，若打开 C 盘没有该文件夹，需先将隐藏的文件项目显示。

（3）修改文件默认位置

此处可根据自身需求更改用户文件默认路径，方便文件查找。

想要修改族样板文件默认路径，单击需要修改文件路径后的 "浏览"命令（图 1−28），在打开的 "浏览文件夹"对话框中选择将要指定的文件位置（此处路径位置为软件自带族库位置），如图 1−29 所示。完成设置后，选择 "新建族"操作，即可直接打开指定的文件夹，如图 1−30 所示。

| 图　1−28 | 图　1−29 |

图　1−30

3.3 功能区

1. 选项卡

选项卡（图1-31）在命令组织中是最高级的形式，根据各命令的共通之处将其整合成组，方便人们根据其相关特性寻找命令。例如按照专业将其分为"建筑"选项卡、"结构"选项卡等。

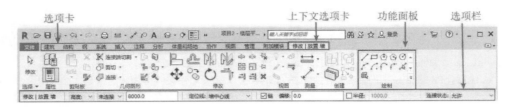

图 1-31

2. 功能面板

功能面板中收藏了命令名称和命令预览图示，进一步把命令组织成一组"标签"，在每个标签里各种相关的选项被组在一起，可以对命令效果进行预览。例如"建筑"选项卡下又分为"构建""楼梯扶手"等功能面板。

命令的查找，首先要考虑清楚属于哪个选项卡，再找到对应的功能面板。例如，创建建筑墙，需要先打开"建筑"选项卡，"构建"面板中即可找到"墙"命令，如图1-32所示。

图 1-32

3. 上下文选项卡

上下文选项卡是在选择特定图元或者执行创建图元命令时才会出现的选项卡，包含绘制或者修改图元的各种命令。退出该命令或清除选择时，该选项卡将关闭。不同命令的上下文选项卡显示的内容是不同的。

4. 选项栏

选项栏位于功能区下方，用于修改所选命令的相关参数，其内容因当前工具或所选图元而异。在选项栏里设置参数时，下一次使用命令会直接采用修改后的参数。

单击"建筑"选项卡下"墙"命令，如图1-33所示，在选项卡末尾会出现"修改|放置 墙"上下文选项卡。功能区下方会出现选项栏，在选项栏中可修改与墙体相关的参数，例如墙体高度、定位线等。

图 1-33

5. 功能区显示模式切换

单击功能区（图 1 – 12）最右侧"向下箭头"的下拉菜单，如图 1 – 34 所示，可在三种显示状态中进行切换。

单击"向上箭头"图标，可在下拉菜单中切换所选状态与显示完整功能区两种状态。

图 1 – 34

6. 用户界面组件显示调整

在"视图"选项卡下"用户界面"中，可通过勾选与否，控制用户界面组件的显示，如经常使用的"属性"面板、"项目浏览器"等可勾选，如图 1 – 35 所示。

初级建模工程师通常使用的组件有"项目浏览器""属性"以及"状态栏"，而"状态栏 – 工作集"和"状态栏 – 设计选项"等不常使用，工程师可根据实际需求调整组件的显示，使界面更加简洁。常规视图布置如图 1 – 36 所示，仅供参考。

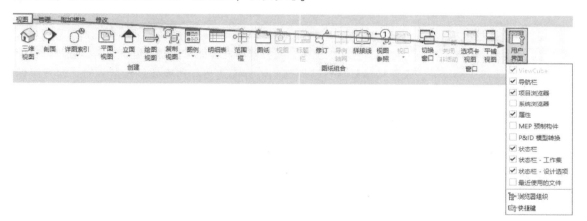

图 1 – 35

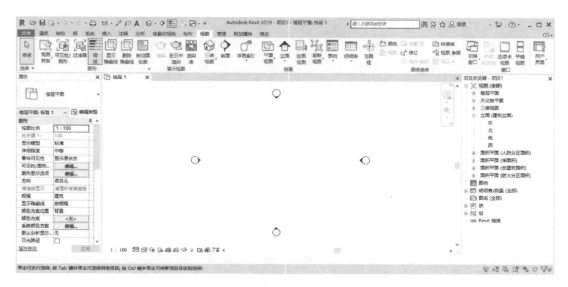

图 1 – 36

3.4 属性面板

属性面板主要用于查看和修改 Revit 中图元属性的参数，如图 1-37 所示，"属性"选项板由 4 部分组成：类型选择器、属性过滤器、编辑类型和实例属性。

1. 属性面板的开启与关闭

方法一：直接单击属性面板右上方关闭；

方法二：在"视图"选项卡下"用户界面"中，取消勾选"属性"复选框进行关闭，勾选进行开启（图 1-35）；

方法三：使用软件默认快捷键〈PP〉、〈Ctrl+1〉或〈VP〉直接关闭或开启。

图 1-37

2. 移动属性面板

如图 1-38 所示鼠标指针放在属性面板上方，长按鼠标左键即可拖动其位置。若需要将属性面板停靠在工作界面边界处，只需将鼠标指针移动到软件界面边界，边界处显示蓝色时，松开鼠标即可，如图 1-39 所示。

3. 类型选择器

类型选择器标识当前选择的族类型，并提供一个可从中选择其他类型的下拉列表。

如图 1-40 所示，单击"墙"命令，在"类型选择器"中单击下拉菜单，会显示所选样板中所有墙类型，可根据需要进行选择。

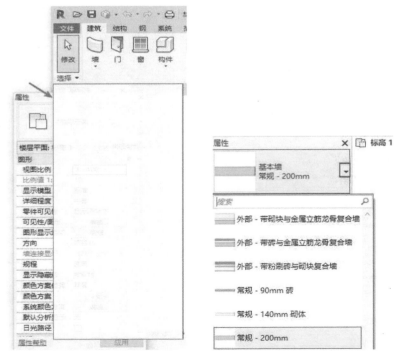

图 1-38   图 1-39   图 1-40

4. 属性过滤器

该过滤器用来显示绘图区域中所选图元的类别和数量。当选择了多个类别时，使用过滤器的下拉列表可以查看特定类别或视图本身的属性。

5. 实例属性和类型属性

实例属性：当前视图属性或所选图元的实例参数，修改实例属性的值只影响选择的图元。

类型属性：当前视图属性或所选图元的类型参数，修改类型属性的值会影响所有同一类型的图元。

如图 1-41 所示，选择图元，属性面板下方即为实例属性，"编辑类型"中即为该窗的类型属性。

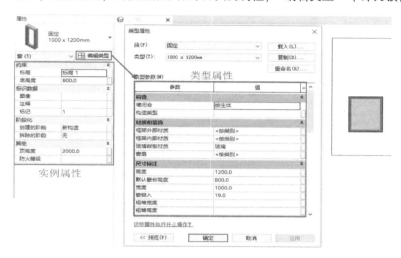

图　1-41

在选中单个图元或者一类图元时，在实例属性中可查看和修改选定图元的的实例参数。单击"编辑类型"，打开"类型属性"对话框即可来查看和修改选定图元或视图的类型参数。

实例参数只影响单个图元，若对其进行修改，则属于该类型的已创建未选中图元不受影响。如图 1-42 所示，选中窗将其实例参数"底高度"修改为 1500，单击"应用"，则只有选中的窗底高度被修改为 1500mm（注：文中如未做特别说明，所有尺寸单为都为 mm），其余不变。（图中窗皆为固定窗 1000mm×1200mm）

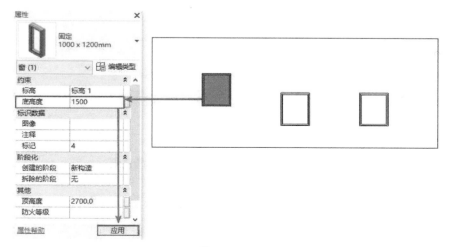

图　1-42

类型参数影响图元整个类型，若对其进行修改，则属于该类型的图元不管是否已经创建，都会受到影响。如图 1 – 43 所示，选中窗将其类型参数"宽度"修改为 1500，单击"应用"，窗宽度均会变为 1500。

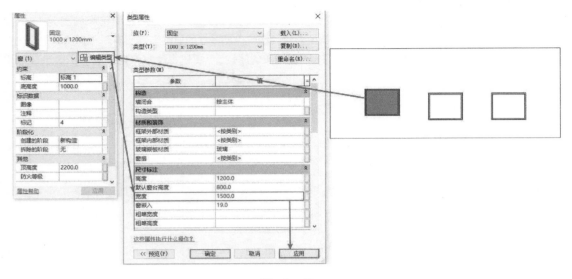

图　1 – 43

3.5　项目浏览器

项目浏览器用于组织和管理当前项目中所有信息，包括项目中所有视图、明细表、图纸、族、组、链接的 Revit 模型等项目资源，如图 1 – 44所示。

1. 项目浏览器的开启与关闭
方法一：直接单击项目浏览器右上方关闭。

方法二：在"视图"选项卡下"用户界面"中，取消勾选"项目浏览器"复选框进行关闭，勾选进行开启（图 1 – 35）。

2. 移动项目浏览器
鼠标指针放在项目浏览器上方按住鼠标左键即可拖动其位置。

若需要将项目浏览器停靠在工作界面边界处，只需将鼠标指针移动到软件界面边界，显示蓝色边界时，松开鼠标即可。

3. 项目浏览器的结构
项目浏览器呈树状结构，各层级可展开和折叠。使用项目浏览器，双击对应的视图名称，可以方便地在各视图中进行切换。

图　1 – 44

如图 1 – 45 所示，在项目浏览器中单击"立面"前的"＋"图标，展开立面视图列表，双击"南"，切换到南立面视图，同时在项目浏览器中，"南"将以粗体显示，以表示当前所处界面。

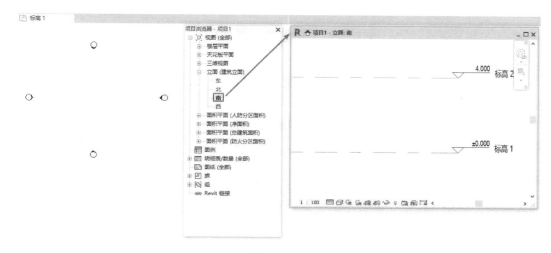

图 1-45

3.6 视图控制栏

视图控制栏位于 Revit 窗口底部、状态栏上方，可以快速访问影响当前绘图区域的功能。不同类型的视图，命令的显示不尽相同，由于三维视图中的命令最为全面，下面简单介绍三维视图中的命令。

图标	名称
1:100	视图比例
	详细程度
	视觉样式
	打开/关闭日光路径
	打开/关闭阴影
	显示/隐藏渲染对话框（仅当绘图区域显示三维视图时才可用）
	裁剪视图
	显示/隐藏裁剪区域
	解锁/锁定的三维视图
	临时隐藏/隔离
	显示隐藏的图元
	临时视图属性
	隐藏分析模型
	高亮显示位移集（仅当绘图区域显示三维视图时才可用）
	显示约束

下面对其中常用的命令进行详细讲解，不常用命令简述。

1. 视图比例

视图比例为在图纸中用于表示对象的比例系统。可为项目中的每个视图指定不同比例，也可以创建自定义视图比例。

如图 1-46 所示，视图比例的修改不影响模型的实际大小，修改比例只影响了标注的比例和填充图案的比例，标注和填充图案就属于表示对象。

如图 1-47 所示，在视图控制栏，单击"视图比例"，并单击"自定义…"命令。如图 1-48所示，在"自定义比例"对话框中，输入比率的值为 1:30，单击"确定"即可修改当前视图比例为 1:30。自定义比例仅能应用于当前所修改视图，不能应用于该项目中的其他视图。

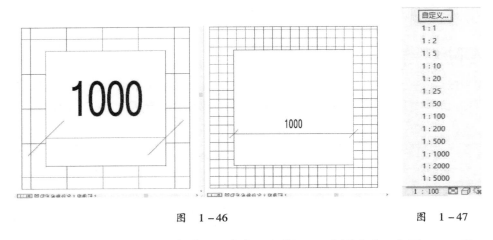

图 1-46　　　　　　　　　　　　　　　　　　　　　图 1-47

"自定义比例"对话框中"显示名称"可自定义当前视图比例的名称。如图 1-49 所示，勾选"显示名称"前方的复选框后，在后方输入名称，单击"确定"完成修改。视图控制栏中将会显示所定义的名称（图 1-50）。若不勾选，则按实际值显示（图 1-51）。

图 1-48　　　　　　　图 1-49　　　　　　　图 1-50　　　　　　　图 1-51

2. 详细程度

通过定义详细程度，影响几何图形的显示。如图 1-52 所示，详细程度分为粗略、中等和精细。

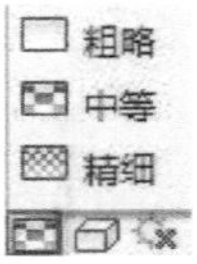

例如图 1-53 所示的门族，在不同的视图详细程度下，门显示出构件的内容有所不同。

图 1-52

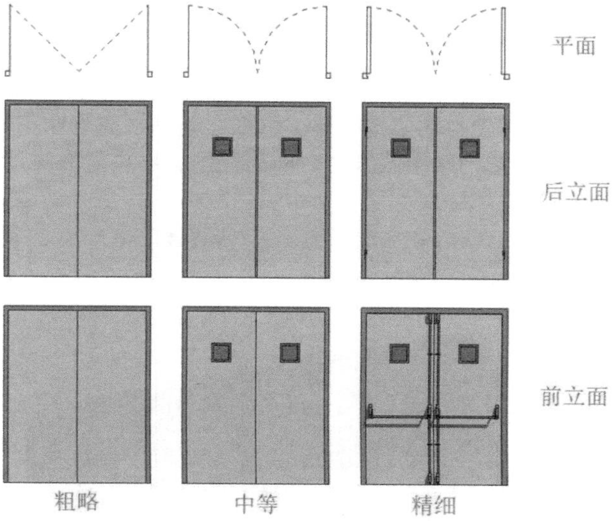

图 1 - 53

3. 视觉样式

视觉样式为项目视图指定许多不同的图形显示效果，如图 1 - 54 所示可分为线框、隐藏线、着色、一致的颜色、真实和光线追踪。可以根据自己的需要，选择合适的显示效果。以墙体外面层材质为"砌体 - 普通砖 75mm × 225mm"为例，具体材质设置参考第 4 章。

图 1 - 54

视觉样式	显示	图像
线框	显示绘制了边和线而未绘制表面的模型图像。该样式会显示所有的边线，无法体现正常的遮挡关系	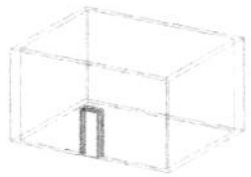
隐藏线	显示除被表面遮挡部分以外的边和线的图像。该样式会以正常的遮挡关系显示边线，被遮挡处不会显示	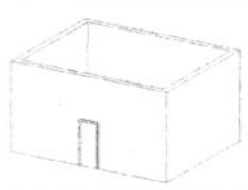
着色	显示处于着色模式下的图像，而且具有显示间接光及其阴影的选项。该显示样式通过材质中图形设置来控制	
一致的颜色	所有表面都按照材质中图形设置进行着色的图像显示，不体现间接光及阴影，无论以何种方式将其定向到光源，材质始终以相同的颜色显示	
真实	模型视图中即时显示真实材质外观。应用阴影和深度设置后，可以旋转模型以显示其表面，就像它们在不同的照明情况下出现时一样。该显示样式通过材质中外观设置来控制	
光线追踪	光线追踪是一种照片真实感渲染模式，该模式允许平移和缩放模型。在使用该视觉样式时，模型的渲染在开始时分辨率较低，但会迅速增加保真度，从而看起来更具有照片真实感	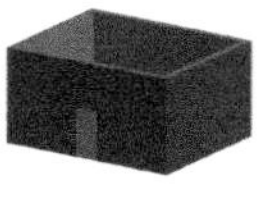

图形显示选项：用来调整模型视图的视觉效果，此处不经常使用，详细使用说明可自行调整数值进行研究或查看 Revit 帮助（按〈F1〉键）辅助学习。

4. 临时隐藏/隔离

"隐藏"工具可在视图中隐藏所选图元/类别，"隔离"工具可在视图中显示所选图元/类别并隐藏所有其他图元。该工具只会影响绘图区域中的活动视图。当关闭临时隐藏时，图元的可见性将恢复到其初始状态，且不影响打印。

在绘图区域中，选择一个或多个图元（以门为例），如图 1 - 55 所示，在视图控制栏中，单击 图标（临时隐藏/隔离），然后选择下列选项之一：

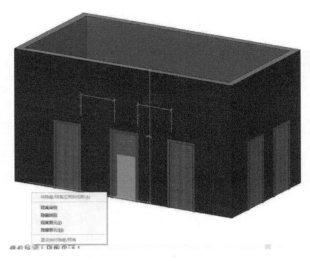

图　1 - 55

1）隔离类别：显示视图中所选实例的所属类别，其余构件被隐藏。如图 1 - 56 所示，使用"隔离类别"命令，则除门以外，均被隐藏。

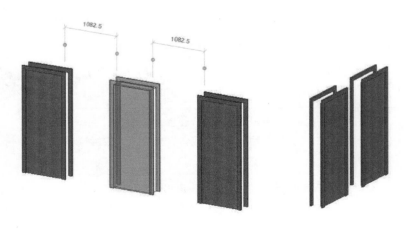

图　1 - 56

2）隐藏类别：隐藏视图中所选实例的所属类别，显示未选构件。如图 1 - 57 所示，使用"隐藏类别"命令，则门全部被隐藏，其余构件均显示。

3）隔离图元：显示视图中所选实例，其余构件被隐藏。如图 1 - 58 所示，使用"隔离图元"

命令，则视图中仅显示所选门。

4）隐藏图元：在视图中隐藏所选实例，其余构件均显示。如图 1-59 所示，选中一扇门，使用"隐藏图元"命令，则视图中仅隐藏所选门。

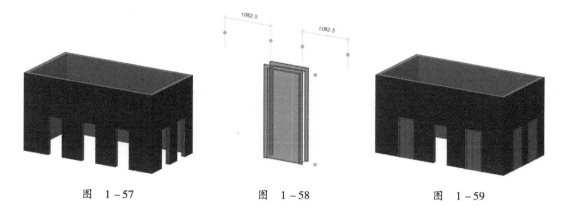

图　1-57　　　　　　图　1-58　　　　　　图　1-59

以上操作执行后，活动视图将如图 1-60 所示，显示蓝色边框及"临时隐藏/隔离"，且下方"临时隐藏/隔离"命令亮显。

5）重设临时隐藏/隔离：进行了以上任意操作后，想要恢复所有图元到视图中，使用"重设临时隐藏/隔离"即可。

6）将隐藏/隔离应用到视图：如果要使临时隐藏图元成为永久性的，则在"临时隐藏/隔离"的状态下直接使用该命令。

如图 1-61 所示，门被临时隐藏后，直接使用"将隐藏/隔离应用到视图"命令，构件将被永久隐藏（图 1-62），活动视图同时退出"临时隐藏/隔离"状态。

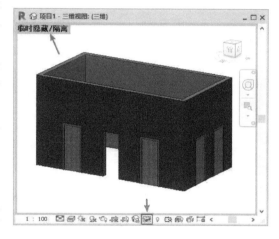

图　1-60

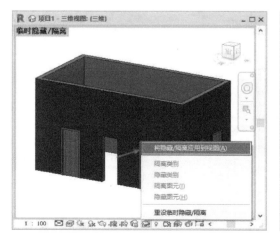

图　1-61

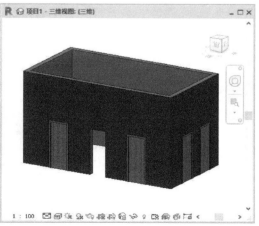

图　1-62

5. 显示/关闭显示隐藏的图元

如图 1-63 所示，当开启"显示隐藏的图元"状态，活动视图显示红色边框及"显示隐藏的图元"，且下方"显示隐藏的图元"命令亮显。视图中所有被永久隐藏的图元都以红色显示，而可见图元则显示为半色调。

方法一：如图 1-64 所示，选择要取消"永久隐藏"状态的图元，之后在功能区选择"取消隐藏图元/类别"即可。

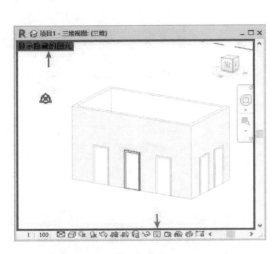

图　1-63　　　　　　　　　　　　　　　　图　1-64

方法二：如图 1-65 所示，在图元上单击鼠标右键，然后单击"取消在视图中隐藏"选"图元/类别"即可。

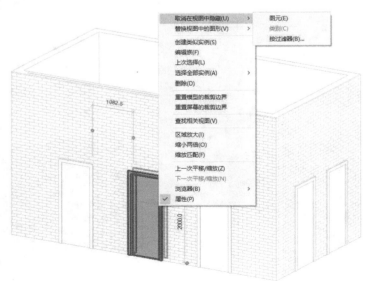

图　1-65

之后单击 图标以退出"显示隐藏的图元"模式。

⚠️ **注意**：此步骤仅显示使用可见性、图形控件和过滤器隐藏起来的图元。图元未在视图中显示，可能需要修改视图范围等方式来显示这些图元。

3.7 状态栏

状态栏位于绘图区域左下角，如图 1-66 所示。使用某一工具时，状态栏会提供有关要执行的操作提示。鼠标指针放置在图元上时，状态栏会显示族和类型的名称。

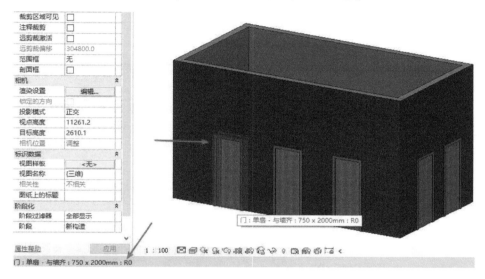

图　1-66

3.8 图元选择

1. 选择方式

目标	操作
定位要选择的图元 （预先选择）	① 将鼠标指针移动到绘图区域中的图元上。Revit 将高亮显示该图元并在状态栏和工具提示中显示有关该图元的信息 ② 如果几个图元彼此非常接近或者互相重叠，可将鼠标指针移动到该区域上按〈Tab〉键，直至状态栏描述所需图元为止 ③ 按〈Shift + Tab〉键可以按相反的顺序循环切换图元
选择一个图元	单击鼠标左键选中该图元
框选多个图元	① 按住鼠标左键，从左向右拖拽鼠标指针，在矩形范围内的全部图元被选中 ② 按住鼠标左键，从右向左拖拽鼠标指针，只要与矩形相接触的图元即被选中
加选图元	按住〈Ctrl〉键，可以用框选或点选的方式向选择集中添加图元

（续）

目标	操作
减选图元	按住〈Shift〉键，可以用框选或点选的方式删除选择集中的图元
选择某种/某些类别图元	当选中多个图元后，在功能区或图元选择控制栏中使用过滤器 ▽，过滤选择集中的图元类别
选择特定类型的全部图元	选中一个图元后，单击鼠标右键选中"选择全部实例"，然后选择"在视图中可见"或"在整个项目中"，可选中与该图元属于同一族类型的图元
取消选择所有图元	在绘图区域空白处单击或按〈Esc〉键取消
重新选择之前选择的图元	在按住〈Ctrl〉键的同时按键盘上的左箭头键

2.图元选择、 预先选择颜色修改

在"文件"选项卡中"选项"（图1-15）设置下的"图形"（图1-16）中可修改选择与预先选择的颜色，如图1-67所示。

将"预先选择"修改为红色，确定修改后，鼠标指针挪动至任意构件，不单击选中，观察其修改结果如图1-68所示。"选择"颜色的修改方式与"预先选择"的相同，可根据自身需求进行修改。

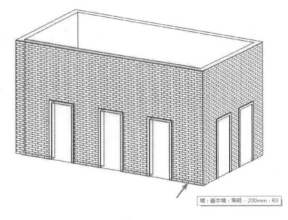

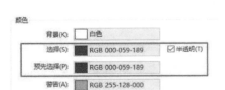

图 1-67　　　　　　　　　　　　　　图 1-68

3.9 图元选择控制栏

图元选择控制栏位于绘图区域的右下角，对一些特殊图元的选择进行控制。

图标	名称	开启作用
	选择链接	在已链接的文件中选择链接和单个图元
	选择基线图元	可选择在当前视图中以基线显示的图元
	选择锁定图元	选择被锁定且无法移动的图元
	按面选择图元	可通过单击某个面，而不是选边来选中某个图元。此选项适用于除视觉样式为"线框"以外的所有模型视图和详图视图

（续）

图标	名称	开启作用
	选择时拖拽图元	无需先选择图元即可拖拽
	后台进程	显示在后台进行的进程列表
:0	过滤器	当在视图中选择图元时，过滤器会显示选中图元的个数

如图 1-69、图 1-70 所示，也可在功能区的"选择"面板下拉列表中控制图元选择基本命令的开启/关闭状态。

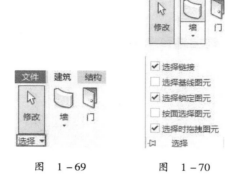

图 1-69　　　　　图 1-70

⚠ 提示：以上这些选项适用于所有打开的视图，它们不是特定于某个视图的。在当前项目中，可以随时启用和禁用这些选项（如果需要），对于这些选项的设置都会被保存，且从一个项目切换到下一个项目时设置保持不变。

第 4 节 课后练习

4.1 理论考试练习

1. Revit 中项目的文件扩展名为（　　　）。

A. RVT　　　　　　B. RFA　　　　　　C. RTE　　　　　　D. RFT

2. Revit 软件中项目文件默认最大备份数（　　　）。

A. 3　　　　　　　B. 10　　　　　　　C. 20　　　　　　　D. 5

3. 下列关于快速访问工具栏说法不正确的是（　　　）。

A. 快速访问工具栏可以放置在功能区下方

B. 功能区命令可以添加到快速访问工具栏中

C. 默认快速访问工具栏中的命令位置是不可以更改的

D. 默认快速访问工具栏中没有"材质"命令

4. "项目浏览器"用于显示当前项目中所有视图、明细表、图纸、组和其他部分的逻辑层次，下列不属于项目浏览器的功能的是（　　　）。

A. 打开放置了视图的图纸　　　　　　　　　B. 打开一个视图

  C. 管理 Revit 链接   D. 创建平面视图

5. 下列属于 Revit 中视觉样式的是（ ）。

  A. 线框、隐藏线、白模、光线追踪   B. 线框、隐藏线、绘图、真实

  C. 线框、隐藏线、光线追踪、真实   D. 隐藏线、边面、光线追踪、真实

6. 下列关于图元的显示与隐藏说法不正确的是（ ）。

  A. 如果要隐藏的图元用作标记或尺寸标注的参照，则此标记或尺寸标注也将被隐藏

  B. 图元只能按类别隐藏

  C. 处于"显示隐藏的图元"模式下，所有隐藏的图元都以彩色显示，而可见图元则显示为半色调

  D. 临时隐藏只影响绘图区域中的活动视图

4.2 实操考试练习1： 将项目样板转为项目文件

  偶有工程师会做项目做到一半，惊觉自己是直接打开样板便开始搭建模型，并不是通过新建项目的方式创建的，保存时无法保存为项目，如图 1-71 所示，然而此时从头开始费时费力，该如何解决呢？

图 1-71

  首先，将当前文件保存，之后如图 1-72 所示，使用该样板文件新建项目，把新建的文件保存为项目即可，之后即可继续创建项目模型。

图 1-72

4.3　实操考试练习 2：　保存的项目备份数设置

在"保存/另存为"选项命令中，指定"最大备份数"的数值后，工程师可手动保存备份文件，并且达到最大备份数时自行滚动替换掉最旧的版本。这样在出现意外情况（如电脑自行重启、停电等）后，保证工作不用从头开始。默认项目文件最大备份数为 20，族文件最大备份数为 3。

如图 1-73 所示，工程师可根据实际需求自行设定。一般不需要太多，项目为 5～10，族为 1～3 即可。

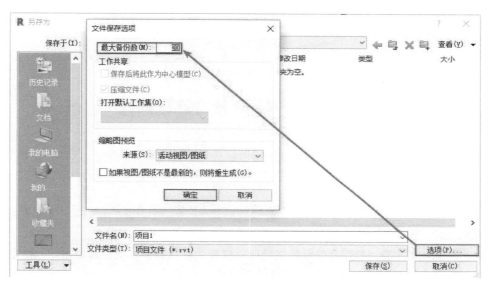

图　1-73

手动保存多次之后，在创建项目的文件夹中会出现后缀带有 0001、0002 的文件，没有后缀的是最终文件，有后缀名称的是备份文件；后缀数字越大表示该备份文件越接近最终保存的文件。

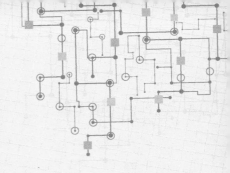

第 **2** 章　基础操作命令

技能要求：

- 掌握 Revit 软件的基本操作命令
- 掌握建模相关基础命令的使用
- 掌握材质的创建及编辑
- 掌握项目信息录入及添加方式

第 1 节　Revit 软件基础操作

1.1　模型操作

1. 模型平移

方法：长按滚轮，移动鼠标，模型会以鼠标指针所处位置为基点移动。

2. 模型缩放

方法：向前滚动滚轮，模型会以鼠标指针所处位置为基点放大；向后滚动滚轮，模型会以鼠标指针所处位置为轴心缩小。双击滚轮，可执行缩放匹配命令。

3. 模型旋转　（三维视图中）

方法一：同时长按〈Shift〉键与滚轮，移动鼠标。

方法二：单击绘图区域右上侧 View Cube（视图立方）任意顶点、边线、面、罗盘来旋转模型，如图 2 - 1 所示；或长按鼠标左键，移动鼠标指针，即可旋转模型。

图　2 - 1

1.2　视图操作

1. 视图切换

由于在项目浏览器中切换视图时，默认之前打开的视图会被隐藏而非关闭，需要切换至其他已打开的窗口，有 3 种方法。如图 2 - 2 所示，第 1 种是在快速访问工具栏切换；第 2 种是在"视图"选项卡下"窗口"命令面板使用"切换窗口"命令切换；第 3 种是在绘图区域上方直接单击视图名称切换。

图　2 - 2

2.关闭非活动视图

在打开多个视图后，使用"关闭非活动"即可关闭所有非活动的视图。如果已打开多个项目，则每个项目中有一个窗口保持打开状态。如图 2 - 3 所示，关闭非活动视图的方法同样为 3 种。

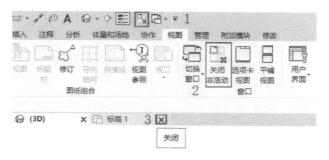

图 2 - 3

3.平铺视图、选项卡视图

在绘图区域，当开启多个视图时，使用"平铺"命令可以使所有视图独立显示，如图 2 - 4 所示。平铺窗口可方便在不同的视图观察同一构件的不同显示状态。

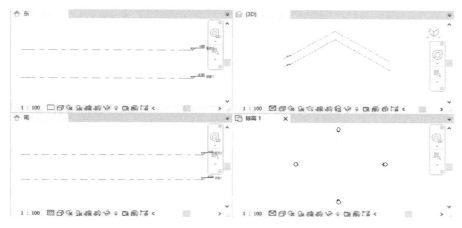

图 2 - 4

当使用选项卡视图命令时，可以将所有平铺的视图放置到单个选项卡式窗口中，如图 2 - 5 所示。

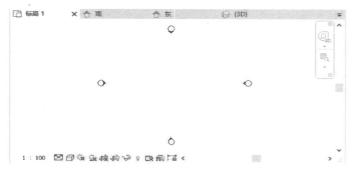

图 2 - 5

第 2 节　Revit 软件基础命令

2.1　辅助工具

为方便后期命令的学习，先了解一下参照平面和详图线如何创建。

1. 参照平面

参照平面常用作绘图过程中的辅助线，会显示在为模型所创建的每个平面视图中。

如图 2-6 所示，在"建筑"选项卡下单击"参照平面"命令，跳转至"修改｜放置参照平面"上下文选项卡，选择"绘制"面板中的命令进行创建，如图 2-7 所示。

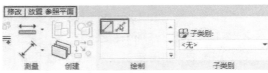

图　2-6　　　　　　　　　　　　　　　　　图　2-7

单击第一个直线命令。在绘图区域中，单击第一次确定参照平面起点，通过拖拽鼠标来确定参照平面方向及长度，之后单击第二次确定参照平面终点。绘制完成后如图 2-8 所示。

> **注意**：无法使用修剪、延伸、打断等命令对参照平面进行修改。

2. 详图线

在"注释"选项卡下单击"详图线"命令，跳转至"修改｜放置详图线"上下文选项卡，选择"绘制"面板中的命令进行创建，如图 2-9 所示（具体绘制方式参考 2.2）。

图　2-8　　　　　　　　　　　　　　　　　图　2-9

2.2　绘制方式

如图 2-10 所示为常用的几种绘制草图的方式。

1. 绘制线

指定线的起点和终点，或指定起点后直接输入数值来指定其长度。

图　2-10

2. 绘制矩形

指定 2 个对角点的位置来绘制矩形。

3. 绘制多边形

1）内接多边形：输入边数，指定圆心，圆的半径是圆心到多边形边顶点之间的距离。

2）外接多边形：输入边数，指定圆心，圆的半径是圆心到多边形各边之间的距离。

4. 绘制圆

可通过指定圆形的中心点和半径来绘制圆形。

5. 绘制弧

1）起点—终点—半径弧：先指定弧的起点，再指定弧的终点，最后确定弧半径来绘制弧。

2）圆心—端点弧：先指定弧的中心点，再确定弧的起点、终点来绘制弧。

3）相切端点弧：在现有线的端点指定弧的起点，再指定弧的终点，绘制与现有线一端连接的曲线。

4）圆角弧：在两条相交线上指定弧起点、终点，再确定半径来绘制圆角弧。常用来进行倒角。

6. 绘制样条曲线

通过创建一组控制点来定义一条光滑的曲线。

7. 绘制椭圆

1）椭圆：通过在 2 个方向上选择中心点和半径，可以绘制椭圆。

2）半椭圆：通过在 2 个方向上选择中心点和半径，可以绘制半椭圆。

8. 拾取线

选择现有墙、线或边来创建一条新的线。

9. 链

绘制时连接线段，使上一条线的终点成为下一条线的起点。不能链接闭合的环（圆形、多边形）或圆角。

10. 偏移

根据指定的值偏移绘制线的放置。

11. 半径

预设半径值。绘制矩形、圆、弧或多边形时使用。此选项可用于绘制墙或线。

图 2－11 为绘制详图线的选项栏。

图　2－11

2.3 修改面板

如图 2－12 所示，修改面板中提供了用于编辑现有图元、数据和系统的工具，包含了操作图元时需要使用的工具，如剪切、拆分、移动、复制、旋转等常用的修改工具。掌握并灵活运用基本修改命令，可提高工作效率。

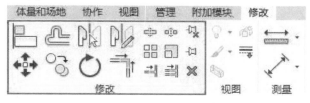

图　2－12

下面以创建图 2 – 13 所示简单的参照平面及不同形状详图线来讲解修改命令。

1. 对齐

对齐可以将一个或多个图元与选定的图元对齐。

1）单个对齐：选择"对齐"命令，之后选择要对齐的目标，如图 2 – 14 所示，最后单击要对齐的图元，详图线便会与参照平面对齐（图 2 – 15）。如需继续对齐，则重复上方操作。若要退出命令，按两次〈Esc〉键即可。

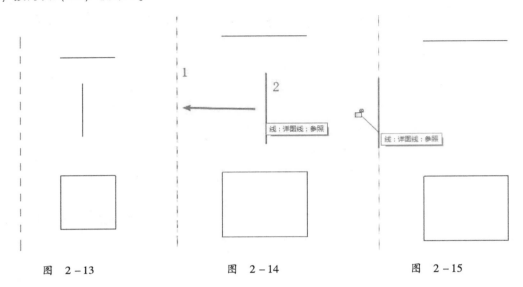

图 2 – 13　　　　　　　　图 2 – 14　　　　　　　　图 2 – 15

2）多重对齐：如图 2 – 16 所示，选择"对齐"命令，勾选选项栏中"多重对齐"命令，即可选择一次要对齐的目标后，选择多个要对齐的图元，这样可免去多次重复选择对齐目标的步骤。若要更换对齐目标，则按一次〈Esc〉键，重新选择目标即可。

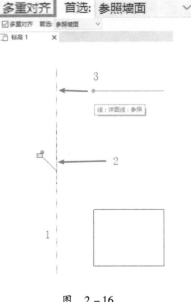

图 2 – 16

2. 移动

移动就是挪动图元的位置。

方法一：如图 2-17 所示，选择要移动的图元后，单击"移动"命令，在绘图区域确认移动起点，通过鼠标拖拽方向确定移动目标的方向，蓝色虚线框即表示将要移动到的位置，之后通过鼠标单击或输入数值的方式确定移动距离。

方法二：先选择"移动"命令，之后选择要移动的图元，按〈Enter/空格〉键确认图元选择后，即可进行移动。

方法三：单击选择要移动的图元后，直接长按鼠标左键进行拖拽，或使用方向键来进行移动。

图 2-18 为移动图元时的选项栏。

1）约束：可限制图元沿着与其垂直或共线的矢量方向的移动。

2）分开：可在移动前中断所选图元和其他图元之间的关联。

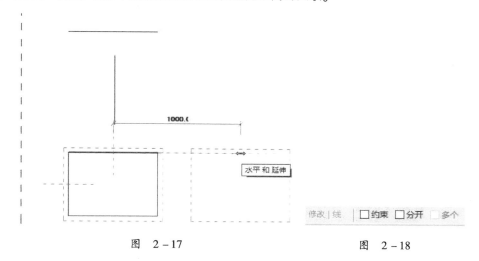

图　2-17　　　　　　　　　　　　　　　图　2-18

如图 2-19 所示，如未勾选"分开"，上下两边会与要移动的图元保持连接关系。

如图 2-20 所示，勾选"分开"后再进行移动，连接关系会被取消。

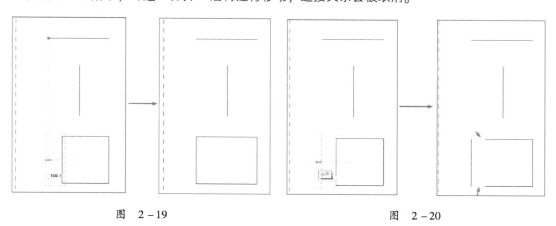

图　2-19　　　　　　　　　　　　图　2-20

3. 偏移

使用偏移功能来创建、复制选定图元或将该选定图元在与其平行的方向上移动一段指定距离。

如图 2 – 21 所示，单击"修改"命令，在选项栏上，选择要指定偏移距离的方式，"图形方式"或"数值方式"。

图　2 – 21

1）图形方式：将选定图元直接平行拖拽至所需位置。

选择该方式后，选择要偏移的图元，之后再选择偏移起点与终点即可，如图 2 – 22 所示。勾选复制则会保留被偏移图元，如图 2 – 23 所示。

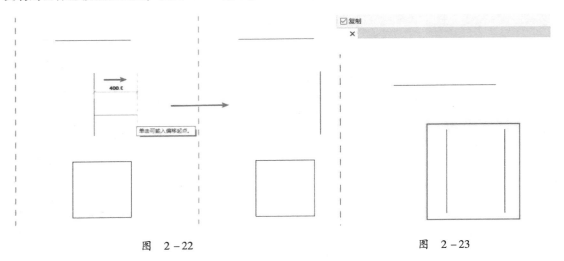

图　2 – 22　　　　　　　　　　　　　　　图　2 – 23

2）数值方式：通过数值确定偏移距离。

选择该方式后，更改偏移框内的数值，之后选择需要偏移的图元即可，蓝色虚线即为将要偏移到的位置，鼠标指针的位置决定了偏移的方向。

4. 复制

此命令可复制一个或多个选定图元，并可随即在当前活动视图中放置这些副本。

方法一：选择要复制的图元后，单击"复制"命令，在绘图区域单击一次确认复制起点，通过鼠标拖拽方向确定复制目标的方向，蓝色虚线框即表示将要复制到的位置，之后通过单击鼠标或输入数值并按〈Enter〉键确认的方式确定复制距离，如图 2 – 24 所示。

方法二：先选择"复制"命令，之后选择要复制的图元，按〈Enter/空格〉键确认图元选择后，即可进行复制。

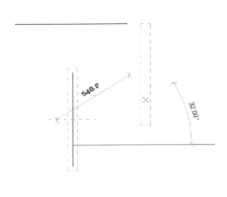

图　2 – 24

方法三：选中图元后，同时按住〈Ctrl〉键与鼠标左键，直接拖拽进行复制。

5. 镜像

镜像可以通过使用一条线作为镜像轴，直接进行反转，或者生成图元的一个副本并反转其位置。

1）镜像－拾取轴：拾取已有图元的边线作为镜像轴进行镜像。

方法一：如图 2 - 25 所示，选择要镜像的图元，单击"镜像－拾取轴"命令后，拾取镜像轴进行镜像。

方法二：先选择"镜像－拾取轴"命令，之后选择要镜像的图元，按〈Enter/空格〉键确认图元选择后，选择镜像轴即可进行镜像。

2）镜像－绘制轴：绘制一条临时的镜像轴进行镜像。

方法一：如图 2 - 26 所示，选择要镜像的图元，单击"镜像－绘制轴"命令后，绘制所需镜像轴进行镜像。

方法二：先选择"镜像－绘制轴"命令，之后选择要镜像的图元，按〈Enter/空格〉键确认图元选择后，绘制镜像轴即可进行镜像。

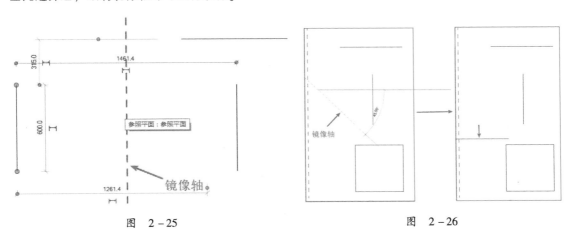

图　2 - 25　　　　　　　　　　　　　图　2 - 26

6. 旋转

该命令可使图元围绕轴旋转。在楼层平面视图、天花板投影平面视图、立面视图和剖面视图中，图元会围绕垂直于这些视图的轴进行旋转。在三维视图中，该轴垂直于视图的工作平面。

方法一：选择要旋转的图元，单击"旋转"命令，输入角度后按〈Enter〉键即可，如图 2 - 27 所示。或者在绘图区域直接单击确定旋转起点和终点，如图 2 - 28 所示。

图　2 - 27

方法二：先选择"旋转"命令，之后选择要旋转的图元，按〈Enter/空格〉键确认图元选择后，即可进行旋转。

旋转轴位置的修改：

方法一：如图2-29所示，激活"旋转"命令后，在选项栏单击"地点"，之后在绘图区域中选择要定位到的位置即可。

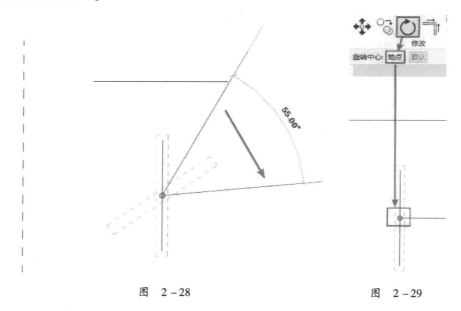

图 2-28   图 2-29

方法二：激活"旋转"命令后，按〈空格〉键，之后在绘图区域中选择要定位到的位置即可。

方法三：鼠标左键选中旋转轴直接进行拖拽即可。

 注意：并非所有图元均可以围绕任何轴旋转。例如，墙不能在立面视图中旋转。

7. 拆分

1）拆分图元：在选定点打断图元，或删除两点之间的线段。

如图2-30所示，单击"拆分"命令，之后在图元上选择要打断的位置，相应位置会出现垂直于被打断构件的灰色线段，单击打断即可。完成后会显示断点以示该图元被打断位置。

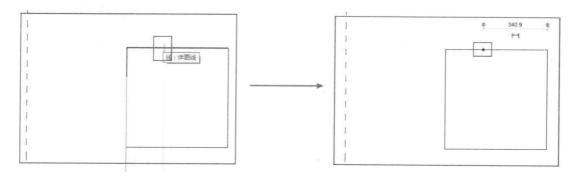

图 2-30

删除内部线段：如图2-31所示，勾选"删除内部线段"命令会删除图元上所选两点之间的线段。

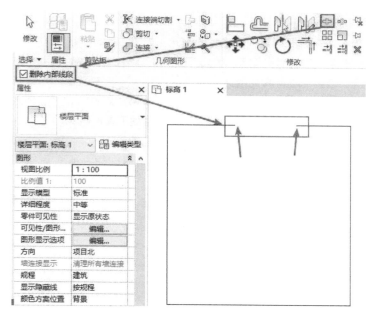

图 2 – 31

2）用间隙拆分：在墙上所选位置上放置自定义间隙，以打断其连接。

使用"用间隙拆分"命令，在墙上进行拆分，如图 2 – 32 所示，墙体将会被打断。

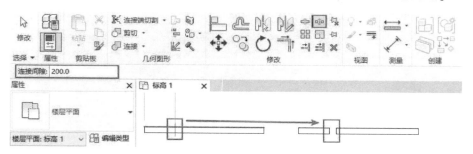

图 2 – 32

⚠ **注意**：用间隙拆分只可拆分墙体，例如可用此工具来定义预制嵌板。"连接间隙"限制为 1.6mm 到 304.8mm 之间，超出则会提醒值无效，如图 2 – 33 所示。

3）支持拆分的图元：如图 2 – 34 所示。

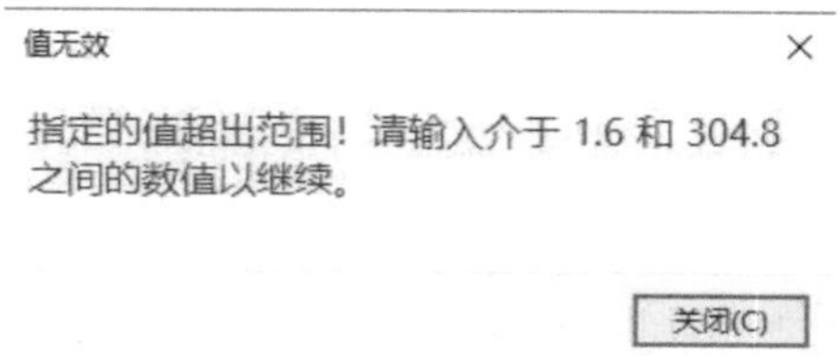

值无效 ✕

指定的值超出范围！请输入介于 1.6 和 304.8 之间的数值以继续。

关闭(C)

图 2 – 33

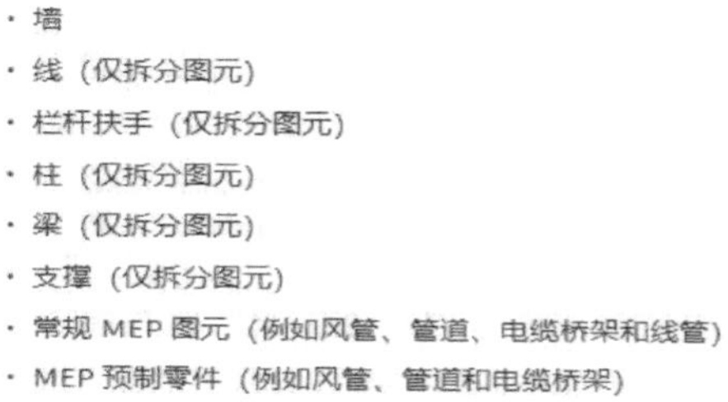

· 墙
· 线（仅拆分图元）
· 栏杆扶手（仅拆分图元）
· 柱（仅拆分图元）
· 梁（仅拆分图元）
· 支撑（仅拆分图元）
· 常规 MEP 图元（例如风管、管道、电缆桥架和线管）
· MEP 预制零件（例如风管、管道和电缆桥架）

图 2 – 34

8. 阵列

以线性阵列或半径阵列方式创建一个或多个图元，如图 2 – 35 所示。

线性阵列▦：沿一条线进行阵列图元。

半径阵列⊘：沿一个弧形进行阵列图元。

成组并关联：将阵列的每个成员包括在一个组中。如果未勾选此选项，Revit 将会创建指定数量的图元，而不会使它们成组。在放置后，每个图元都独立于其他图元。

项目数：指定阵列中所有选定图元的总数（包含所选图元）。

移动到第二个：指定第一个图元和第二个图元之间的间距，所有后续图元将使用相同的间距。

移动到最后一个：指定第一个图元和最后一个图元之间的间距，所有剩余的图元将在它们之间以相等间隔分布。

图　2 – 35

方法一：选中要阵列的图元，单击"阵列"命令，在选项栏中设置相应阵列方式，项目数等，之后在绘图区域选择要阵列的起点及终点（或直接输入数值，或输入角度按〈Enter〉键确认）即可，如图 2 – 36、图 2 – 37 所示。

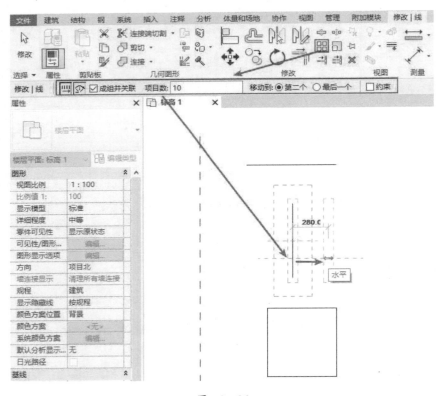

图　2 – 36

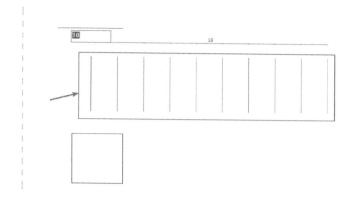

图　2 - 37

方法二：先选择"阵列"命令，之后选择要阵列的对象，按〈空格/Enter〉键确认选择后，在选项栏修改阵列设置即可。

9. 缩放

缩放可以调整选定项的大小，通常是调整线性类图元，如墙体和草图线，注意并不是所有的构件都能缩放。

方法一：选择要缩放的图元，单击"缩放"命令，选择缩放方式，如图 2 - 38 所示。

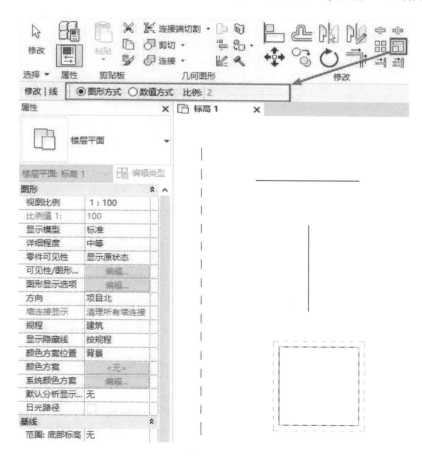

图　2 - 38

1）图形方式：在绘图区域单击选择缩放基点，之后确定缩放的长度参照，最后选择新的长度即可，如图2-39所示。

2）数值方式：输入缩放比例数值后，选择缩放基点即可。

方法二：单击"缩放"命令后，选择要缩放的图元，按〈空格/Enter〉键确认后，设置缩放方式即可。

10.修剪/延伸

（1）修剪/延伸为角

在图元相交时对它们进行修剪以形成角，或者延伸

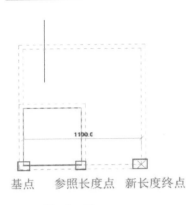

基点　　参照长度点　新长度终点

图　2-39

不平行的图元以形成角。

1）修剪：单击"修剪/延伸为角"命令，之后选择要修剪的图元，单击鼠标选择的边即为要保留的图元部分。如图2-40所示，选择相交线交点上侧与右侧，则会保留上侧与右侧。

2）延伸：选择"修剪/延伸为角"命令，之后选择要延伸的图元，蓝色虚线则为即将延伸的位置，如图2-41所示。

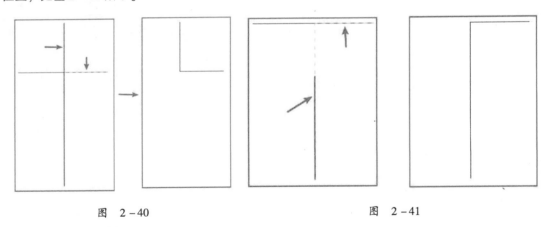

图　2-40　　　　　　　　　　　　　图　2-41

（2）修剪/延伸单个图元

修剪或延伸单个图元至用作边界的参照。

如图2-42所示，单击"修剪/延伸单个图元"命令后，单击参照平面为边界，再单击最上方图元使其延伸。

（3）修剪/延伸多个图元

修剪或延伸多个图元至用作边界的参照。

如图2-43所示，单击"修剪/延伸多个图元"命令后，以参照平面为边界，依次单击选择或框选所有需延伸图元以进行延伸。

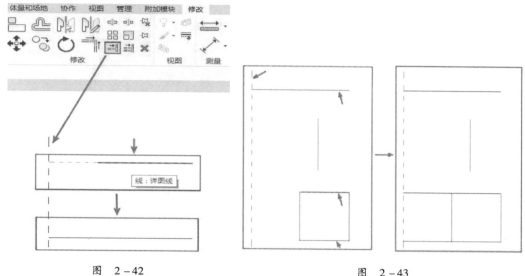

图 2 - 42   图 2 - 43

11. 解锁/锁定

1）锁定：锁定是由用户放置的控制柄，提供一种允许或防止修改图元位置的快捷方式。锁定后，无法在解锁之前移动、删除图元。

选择需要锁定的图元，单击"锁定"命令，图元上会出现图钉以示被锁定，如图 2 - 44 所示。

在锁定状态下，进行移动、删除，会弹出提示，如图 2 - 45、图 2 - 46 所示。

2）解锁：用于对锁定的图元进行解锁。解锁后，可以移动或删除该图元，而不会显示任何提示信息。

可以选择多个要解锁的图元后直接单击"解锁"命令进行解锁，如果所选的一些图元没有被锁定，则解锁工具无效。也可单击构件上的图钉直接进行解锁，如图 2 - 47 所示。

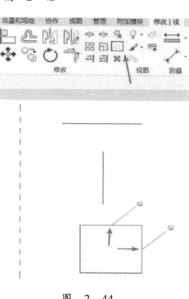

图 2 - 44

错误 – 不能忽略
不能移动锁定的图元。

警告
锁定对象未删除。若要删除，请先将其解锁，然后再使用删除。

图 2 - 45   图 2 - 46

12. 删除

删除用于从模型中删除选定图元。

直接选中图元单击"删除"命令即可，如图 2 - 48 所示。也可使用键盘上〈Delete〉键直接删除。

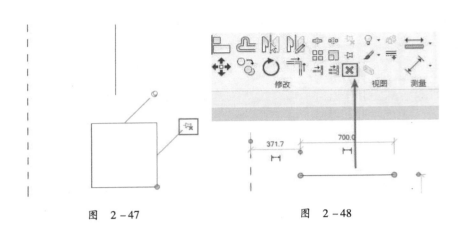

图　2-47　　　　　　　　　　　　图　2-48

2.4　尺寸标注

1. 临时尺寸标注

当创建或选择几何图形时，图元周围会显示临时尺寸标注，如图2-49所示。使用临时尺寸标注可以动态控制模型中图元的放置。

如图2-50所示，单击需修改处尺寸数值，在弹出的对话框中进行修改，之后按〈Enter〉键或单击空白区域确认修改，所选构件将会进行相应移动，如图2-51所示。

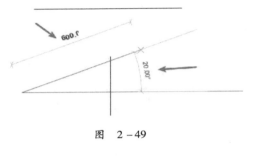

图　2-49

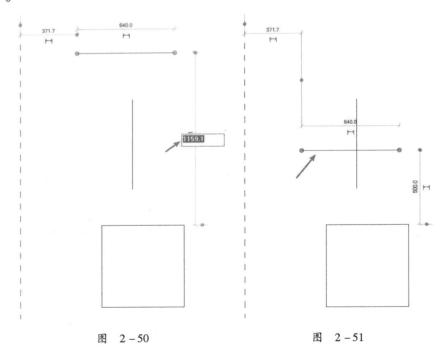

图　2-50　　　　　　　　　　　　图　2-51

1）修改临时尺寸标注参照：临时尺寸标注可修改其标注的参照，如图2-52所示，想要知道所选图元至最下方边线的距离，选中参照边上的拖拽点，按住鼠标左键拖拽鼠标指针至要修改到的边松开即可。拖拽至边时，该边会亮显表示捕捉到该边。

2）临时尺寸变永久尺寸：由于临时尺寸在图元未选中的状态下不显示，所以可以将临时尺寸标注变为永久尺寸标注，这样在图元未选中的状态下，也可查看与其他图元之间的距离。

单击临时尺寸标注下方 囗 符号，即可进行转换，注意此过程不可逆，如图 2-53 所示。

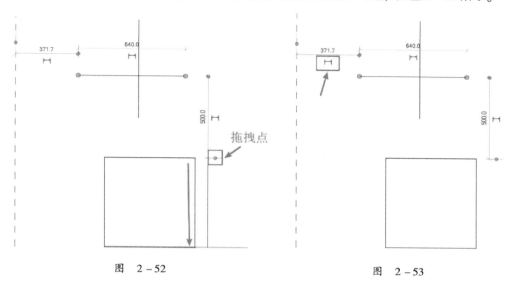

图 2-52　　　　　　　　　　　　　　图 2-53

2. 永久性尺寸标注

如图 2-54 所示为可以添加到图形以记录设计的测量值。它们属于视图专有图元，可在图纸上打印。

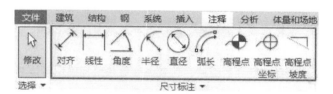

图 2-54

为方便标注的学习，打开配套文件"第 2 章 基础操作命令"文件夹中的"尺寸标注"案例模型，如图 2-55 所示。

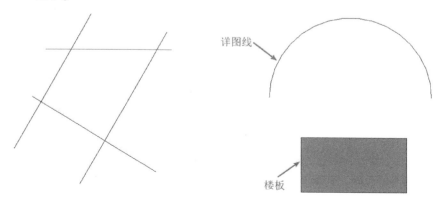

图 2-55

（1）对齐标注

单击"对齐"命令，依次选择需要标注的平行图元，选择完成后在空白处单击一次确定标注的放置位置，如图2-56所示。若要连续标注，直接继续选择要标注图元即可。

（2）线性标注

单击"线性"命令，选择要标注的点，鼠标指针在两点之间左右移动标注的为其垂直距离，上下移动则标注的为其水平距离，如图2-57所示。

（3）角度标注

单击"角度"命令，选择要标注的图元，鼠标指针在各象限移动确定其标注位置，如图2-58所示。

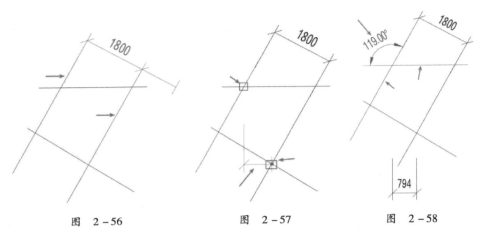

图 2-56   图 2-57   图 2-58

（4）半径标注

单击"半径"命令，选择要标注的弧线，在空白处单击鼠标确定其位置，如图2-59所示。

（5）直径标注

单击"直径"命令，选择要标注的弧线，在空白处单击鼠标确定其位置，如图2-60所示。

（6）弧长标注

单击"弧长"命令，选择要标注的弧线后，选择要标注的弧线端点处，之后在空白处单击鼠标确定其位置，如图2-61所示。

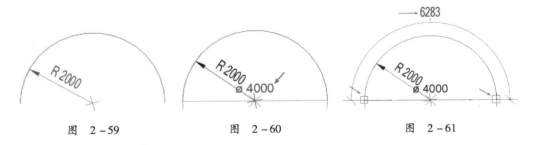

图 2-59   图 2-60   图 2-61

（7）高程点标注

单击"高程点"命令，在选项栏进行相关修改。

1）不带引线与水平段：在要标注的平面上单击选择测量点后，再次单击确定方向即可，如图2-62所示。

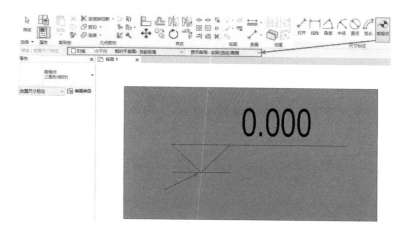

图 2 – 62

2）带引线不带水平段：勾选"引线"后，在要标注的平面上选择测量点，之后将鼠标指针移到图元外，然后单击确定引线终点即可，如图 2 – 63 所示。

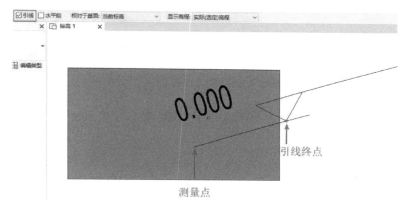

图 2 – 63

3）带引线和水平段：勾选"引线"及"水平段"后，在要标注的平面上选择测量点，之后将鼠标指针移到图元外，单击确定引线终点，最后再单击确定水平段终点即可，如图 2 – 64 所示。

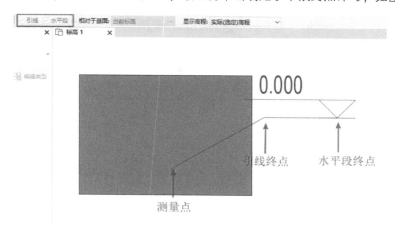

图 2 – 64

（8）高程点坐标

其标注方式与高程点一致，此处不再赘述，其显示如图 2 – 65 所示。

（9）高程点坡度

单击"高程点坡度"命令，直接选择测量点即可。如图 2 – 66 所示，楼板没有坡度，则显示无坡度。

图 2 – 65　　　　　　　　　　　图 2 – 66

 注意：Revit 软件中默认的单位设置为毫米，文中所提到的数值均为毫米（除特殊标注外）。

第3节　材质

3.1　材质浏览器

在 Revit 软件中，通过材质浏览器来查看、使用及管理材质。单击"管理"选项卡下"设置"面板中"材质"命令（图 2 – 67），调出"材质浏览器"对话框，除了单击"材质"命令外，大部分的构件均有材质属性，也可通过编辑材质属性进入"材质浏览器"中。

图 2 – 67

材质浏览器主要由五部分组成：搜索区域、项目材质列表、库材质列表、材质浏览器工具栏和材质编辑器，如图 2 – 68 所示。

图 2-68

1）搜索区域：在"搜索"字段中输入关键字来快速查找项目材质列表和材质库中所需的内容。

2）项目材质列表：显示当前项目中的材质。

3）库材质列表：显示库中的材质或在库列表中选中的类别。

4）材质浏览器工具栏：提供了一些控件，用来管理库、新建或复制现有材质，或打开和关闭资源浏览器。

5）材质编辑器：可查看或编辑材质的资源和特性。仅当前项目中的材质可编辑。当选择库中的材质时，"材质编辑器"面板中的特性是只读的。

 注意：打开"材质浏览器"有时会只显示项目材质，这时单击上方"显示/隐藏库面板"可以将材质库调取出来，单击下方"打开/关闭材质编辑器"可以将材质编辑器调取出来，如图2-69所示。

图 2-69

3.2 新建材质

在 Revit 软件中，新建材质通常有以下三种方式。

1）通过"材质浏览器"工具栏中的"新建材质"进行新建。单击"材质浏览器"工具栏中的"创建并复制材质"中的"新建材质"命令创建新材质（图 2-70），创建完成后，在"项目材质"中出现名称为"默认为新材质"的材质，单击鼠标右键选择"重命名"修改材质名称。

  2）复制"项目材质"中的材质进行新建。在"项目材质"中选定一个材质，单击"材质浏览器"工具栏中的"创建并复制材质"中的"复制选定的材质"命令创建新材质；或者在"项目材质"中选定一个材质单击鼠标右键，选择"复制"创建新材质，如图2 - 71所示。创建完成后，在"项目材质"中出现与选定材质名称一样末尾加编号的材质，单击鼠标右键选择"重命名"修改材质名称。

图　2 - 70

  3）将"AEC材质"中的材质添加到"项目材质"中。在"AEC材质"库中找到需要的材质，单击材质右侧向上图标↑，如图2 - 72所示，将所选材质添加到"项目材质"中，单击鼠标右键选择"重命名"修改材质名称。

图　2 - 71   图　2 - 72

3.3 材质编辑器

  选中材质，在"材质浏览器"对话框的右侧窗格中的"材质编辑器"面板可查看或编辑材质的资源和特性。在"材质编辑器"顶部是资源选项卡，通过单击不同的选项卡进入不同的面板。

1. 图形

  在"图形"选项卡中，可以修改定义材质在着色视图中显示的方式以及材质外表面和截面在其他视图中显示的方式，如图2 - 73所示。

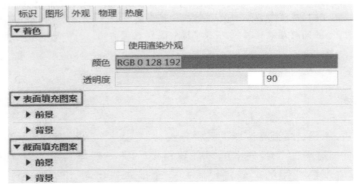

图　2 - 73

1）修改材质在着色视图下的显示。选择材质，在"图形"选项卡单击颜色样例，在"颜色"对话框中，选择一种颜色，单击"确定"，再单击"透明度"修改参数，可输入介于 0%（完全不透明）和 100%（完全透明）之间的值，或将滑块移到所需的设置，如图 2 - 74 所示。单击"确定"完成材质颜色编辑。

图　2 - 74

 注意：①如果要使用渲染外观颜色表示着色视图中的材质，请选择"将渲染外观用于着色"。②在"视图控制栏"中将"视觉样式"改为"着色"或"一致的颜色"，可看到对应构件呈现所调节的状态。

2）修改材质外表面或截面材质在视图中的显示。在"图形"选项卡下，对于每个填充图案，可以对前景和背景指定不同的颜色和填充图案。如图 2 - 75 所示，单击"图案"后的显示框，在弹出的"填充样式"对话框中选择一种填充图案，如图 2 - 76 所示。若将填充图案设置为"实体填充"并指定颜色，则填充的为指定颜色的单色，指定"实体填充"以外的填充图案时，选定的颜色将用于绘制填充图案。

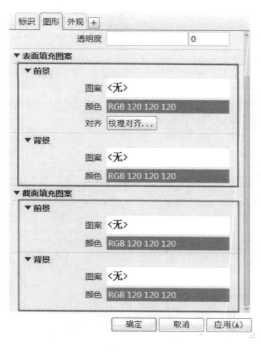

图　2 - 75

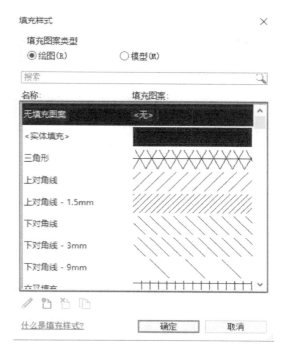

图　2 - 76

> **注意**：①前景：对于每个表面填充图案和截面填充图案，都可指定前景填充图案和颜色。前景可使用绘图填充图案或模型填充图案。当"表面填充图案"选择"填充图案类型"为"模型"时，可使用"对齐"工具对齐模型图元上的填充图案。②背景：对于每个表面填充图案和截面填充图案，都可指定其背景填充图案和颜色。背景的"填充图案类型"仅可使用"绘图"。

2. 外观

在"材质编辑器"中，选择"外观"选项卡，外观选项卡中的参数可用于控制材质在"真实""光线追踪"视觉样式、预览和渲染中的显示方式，如图2-77所示。

①"手形\共享"图标：表示选定材质在当前项目中有多少材质共享选定的资源。如果"手形"图标显示为零（图2-78），则该资源不与当前项目中的其他材质共享。当"手形"图标不为零时，修改此资源其他共享资源也会修改。

②"替换此资源"：用于替换当前资源，如图2-79所示。单击"替换此资源"，在弹出的"资源浏览器"中顶部"搜索"区域内搜索需要资源的关键字，单击选定资源右侧的"替换"，完成替换，如图2-80所示。

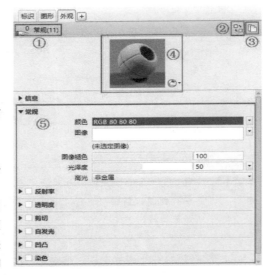

图 2-77

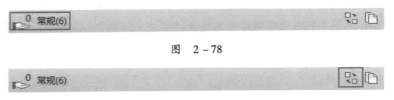

图 2-78

图 2-79

图 2-80

③ "复制资源"：用于复制当前资源。当"手形"图标不为零时，单击"复制资源"使此资源成为唯一材质，不与其他材质共享，如图 2-81 所示。

图 2-81

④ 缩略图选项菜单：在"外观"选项卡上，该缩略图图像旁边的下拉菜单会显示一个选项列表，用于控制缩略图的渲染质量和外观（图 2-77）。

⑤ "特性"面板：用于显示和管理选定资源的详细特性（图 2-77）。

第4节　课后练习

4.1　理论考试练习

1. 使用"对齐"命令时，除了在选项栏勾选"多重对齐"命令，还可以按住（　　）键，进行多个图元对齐。

　　A.〈Ctrl〉　　　　　　B.〈Alt〉　　　　　　C.〈Tab〉　　　　　　D.〈Shift〉

2. 下列不属于 Revit 软件"修剪/延伸"命令的是（　　）。

　　A. 修剪/延伸为角　　B. 修剪/延伸单个图元　C. 修剪/延伸多个图元　D. 修剪/延伸为线

3. 以下关于"拆分图元"命令说法错误的是（　　）。

　　A. "拆分图元"命令可以删除两点之间的模型线

　　B. "拆分图元"命令可以将一条模型线分成两段相连的部分

　　C. "拆分图元"命令可以将一条模型线分成有固定间隙的两段

　　D. "拆分图元"命令可以拆分墙图元

4. 如何将临时尺寸标注更改为永久尺寸标注（　　）。

　　A. 双击临时尺寸符号　　　　　　　　　　B. 选择临时尺寸标注将其锁定

　　C. 单击尺寸标注附近的尺寸标注符号　　　D. 不能更改

5. 使用下列哪个命令不能保留原有图元（　　）。

　　A. 偏移　　　　　　　B. 镜像　　　　　　　C. 移动　　　　　　　D. 旋转

6. 材质编辑时，"图形"选项卡下的"外观"分组中的颜色可以影响下列（　　）模式。

　　A. 隐藏线　　　　　　B. 着色　　　　　　　C. 一致的颜色　　　　D. 真实

7. 通过添加下列（　　）可以添加新的信息至"项目信息"对话框中。

　　A. 项目参数　　　　　B. 全局参数　　　　　C. 共享参数　　　　　D. 类型参数

4.2　实操考试练习1：　指定项目信息

"管理"选项卡下"项目信息"面板用于指定项目信息（例如项目名称、状态、地址和其他信息），如图 2-82 所示，所添加的信息不仅包含在明细表中，还可以用在图纸标题栏中。

1. 项目信息录入及修改

除项目地址外，其他均可直接在各参数后方"值"空格内直接输入或修改信息。鼠标指针在空格内单击，当光标闪烁时直接修改即可，如图 2-83 所示。

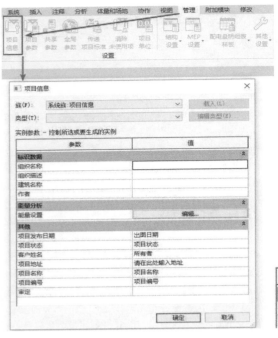

图 2-82

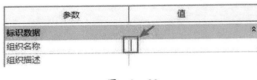

图 2-83

2. 项目地址录入及修改

在"项目地址"后侧单击,如图2-84所示,在弹出的"编辑文字"对话框中直接输入需要添加或修改的信息即可,如图2-85所示。

图 2-84

图 2-85

4.3 实操考试练习2:定制项目信息

1. 添加项目参数

例如,如图2-86所示,某项目工程概况需要录入到项目模型中去。

如图2-87所示,样板中所给参数除项目名称及项目地址外均没有,如何添加新的参数以满足项目的需求呢?

首先,如图2-88所示,在"管理"选项卡下,单击"项目参数",然后在弹出的对话框中单击"添加"。

某项目工程概况说明

项目名称:_____

项目地址:_____

建设单位:_____

地勘单位:_____

设计单位:_____

施工单位:_____

监理单位:_____

总建筑面积:_____

结构类型:_____

目前施工情况:_____

图 2-86

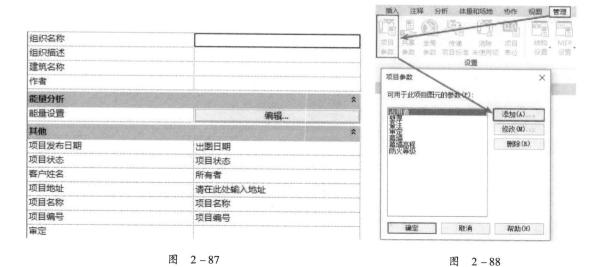

组织名称	
组织描述	
建筑名称	
作者	
能量分析	⊗
能量设置	编辑…
其他	⊗
项目发布日期	出图日期
项目状态	项目状态
客户姓名	所有者
项目地址	请在此处输入地址
项目名称	项目名称
项目编号	项目编号
审定	

图 2 – 87

图 2 – 88

如图 2 – 89 所示，添加对应的参数名称"建设单位"，选择对应参数类型"文字"及参数分组方式"其他"，之后指定要添加到的类别"项目信息"中。

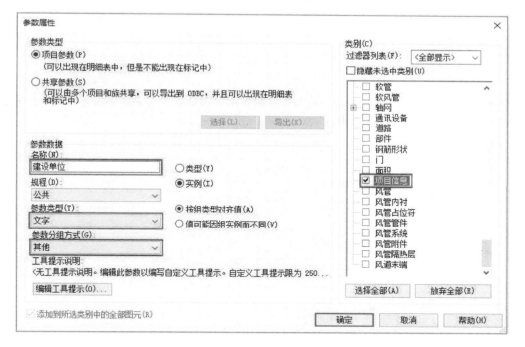

图 2 – 89

选择新添加的参数"建设单位"单击确定，添加至"项目信息"中，如图 2 – 90 所示。之后去项目信息中查看，如图 2 – 91 所示，即可看到对应的"建设单位"参数并可对其内容进行添加、修改。

其他参数的添加方式与上述方式一致，可自行练习添加。

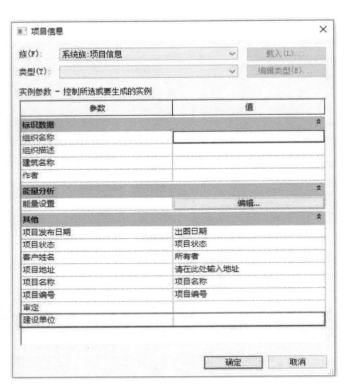

图 2-90　　　　　　　　　　　　　　　　图 2-91

2. 参数类型

不同规程对应不同的参数类型，一般做项目常使用公共规程下的参数类型，以下为公共规程下对应的参数名称及参数说明，如图 2-92 所示。

名称	说明
文字	完全自定义。可用于收集唯一性的数据
整数	始终表示为整数的值
编号	用于收集各种数字数据。可通过公式定义，也可以是实数
长度	可用于设置图元或子构件的长度。可通过公式定义，这是默认的类型
面积	可用于设置图元或子构件的面积。可将公式用于此字段
体积	可用于设置图元或子构件的体积。可将公式用于此字段
角度	可用于设置图元或子构件的角度。可将公式用于此字段
坡度	可用于创建定义坡度的参数
货币	可以用于创建货币参数
质量密度	表示材质每单位体积质量的一个值
URL	提供指向用户定义的 URL 的网页链接
材质	建立可在其中指定特定材质的参数
图像	建立可在其中指定特定光栅图像的参数
是/否	使用"是"或"否"定义参数，最常用于实例属性
多行文字	建立可使用较长多行文字字符串的参数。单击"属性"选项板上的"浏览"按钮以输入文字字符串 注：用作共享参数时，这在 2016 年以前版本中不兼容
〈族类型...〉	用于嵌套构件，可在族载入到项目中后替换构件
分割的表面类型	建立可驱动分割表面构件（如面板和图案）的参数。可将公式用于此字段。此参数仅适用于体量族

图 2-92

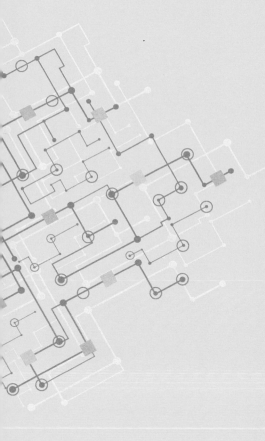

第 2 部分　基础建模

PART 02

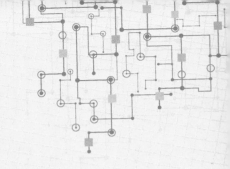

第 **3** 章　场地

技能要求：

- ○ 掌握场地创建及相关编辑
- ○ 掌握场地构件及停车场构件的放置
- ○ 掌握建筑地坪的创建与编辑
- ○ 能进行场地的布置

第1节　创建场地

1. 通过 "放置点" 来创建地形表面

选择 "建筑样板" 新建一个项目，进入 "场地" 楼层平面，如图 3 – 1 所示，单击 "体量和场地" 选项卡下 "场地建模" 面板中的 "地形表面" 命令，进入 "修改 | 编辑表面" 上下文选项卡进行场地的创建。

图　3 – 1

单击 "放置点" 命令，如图 3 – 2 所示，进入到放置地形高程点的状态下，在选项栏中可以设置 "高程" 参数，高程值默认为 0，如图 3 – 3 所示。设置好高程后，在绘图区域单击可放置高程点，如图 3 – 4 所示，任意单击生成三个点，即可形成一个面（不在同一直线上的三点构成一个面）；接下来可以继续单击生成高程点，最终形成地形表面，如图 3 – 5 所示。单击 "修改 | 编辑表面" 选项卡 "表面" 面板中 "√" 完成创建。

图　3 – 2

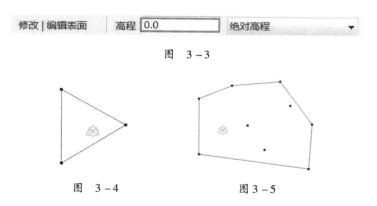

图 3-3

图 3-4　　　　　　　图 3-5

2. 简化表面

在 Revit 软件中，地形表面上的每个点都会创建三角几何图形，会增加计算机的负荷。可以通过使用"简化表面"命令降低表面精度，减少地形表面点数，提高系统性能。

选择创建完成的地形表面，在"修改 | 地形"上下文选项卡中单击"编辑表面"命令（图 3-6），进入编辑表面的状态，单击"工具"面板中的"简化表面"命令，如图 3-7 所示，在弹出的"简化表面"对话框里修改"表面精度"（图 3-8），单击"确定"，剔除多余高程点，结果如图 3-9 所示。

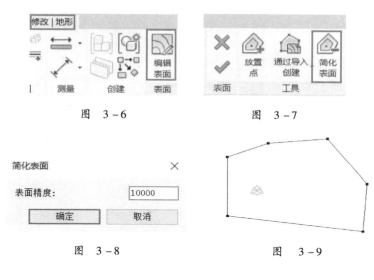

图 3-6　　　　　　　图 3-7

图 3-8　　　　　　　图 3-9

第 2 节　修改场地

2.1　拆分表面

拆分表面是指将一个地形表面拆分成两个地形表面，然后对每个表面进行编辑。在拆分表面后，可以为这些表面指定不同的材质来表示道路、场地、水等，也可以删除地形表面的一部分，达到想要的地形。

打开配套文件"第 3 章场地"文件夹中的"地形表面"案例模型，单击"修改场地"面板中的"拆分表面"命令，如图 3-10 所示。单击命令之后可以看到状态栏提示"选择表面以拆分"，继续单击选择地形表面，进入"修改 | 拆分表面"进行拆分表面边界的绘制，将想要拆分的区域绘制出来，单击"√"完成拆分，如图 3-11 所示。

图　3-10　　　　　　　　　　　　　　　　　　图　3-11

2.2　合并表面

"合并表面"命令可以将单独的地形表面合并为一个表面。要合并的表面必须重叠或共享公共边。若要将多个地形表面合并，可以多次使用"合并表面"命令。

打开配套文件"第 3 章 场地"文件夹中的"拆分表面"案例模型，单击"修改场地"面板中的"合并表面"命令，如图 3-12 所示。依次选择 2 块有交集的地形表面，完成合并，如图 3-13 所示。

图　3-12　　　　　　　　　　　　　　　　　　图　3-13

2.3　子面域

子面域是在现有地形表面中绘制的区域，不会生成单独的表面。例如，可以使用子面域在平整表面上绘制道路。子面域定义可应用不同属性（例如，材质）的地形表面区域。

打开配套文件"第 3 章 场地"文件夹中的"合并表面"案例模型，单击"修改场地"面板中的"子面域"命令，如图 3-14 所示。绘制子面域的边界如图 3-15 所示，单击"√"完成绘制。

图　3-14　　　　　　　　　　　　　　　　　　图　3-15

第3节　放置构件

3.1　场地构件

打开配套文件"第3章 场地"文件夹中的"子面域"案例模型，放置场地构件。进入"场地"楼层平面，单击"场地建模"面板中的"场地构件"命令，在"属性"面板的"类型选择器"中选择所需构件，如图3－16所示。在绘图区域中单击以放置构件。

 注意：场地构件不需要基于主体放置。

选中放置好的构件，在"属性"面板中可以修改实例属性，可以调整构件的所在标高及是否有偏移值，如图3－17所示。单击"编辑类型"，可以在类型属性中修改构件的高度。

 注意：修改类型属性时，最好单击"复制"命令复制一个新的类型，避免误操作将其他同类型的构件修改，如图3－18所示。

图　3－16

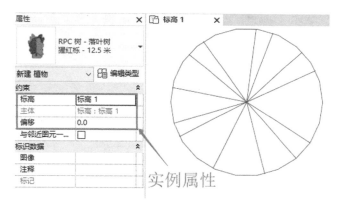

图　3－17

图　3－18

3.2 停车场构件

进入"场地"楼层平面，单击"场地建模"面板中的"停车场构件"命令，如图3-19所示，选择所需构件，直接在地形表面上放置。通过"复制""阵列"命令快速创建更多停车场构件。

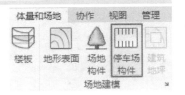

图 3-19

第4节 创建与编辑建筑地坪

打开配套文件"第3章 场地"文件夹中的"子面域"案例模型，进入"场地"楼层平面，单击"场地建模"面板中的"建筑地坪"命令，如图3-20所示。

图 3-20

在"绘制"面板中选择"边界线"命令（图3-21），选择所需的绘制方式绘制建筑地坪边界，如图3-22所示。

 注意：建筑地坪不能超出地形表面的边缘。

图 3-21

图 3-22

在"属性"面板中，下拉"标高"列表选择创建建筑地坪高度为"标高1"。"自标高的高度偏移"数值输入为"-300"，可以将建筑地坪自标高向下偏移300，如图3-23所示。单击"属性"面板中"编辑类型"命令，在弹出的"类型属性"对话框中单击"结构"右侧"编辑"命令，如图3-24所示，在弹出的"编辑部件"对话框中，修改厚度为"400"（图3-25），单击"确定"完成建筑地坪厚度的编辑，单击"修改│编辑边界"选项卡中"√"完成绘制。

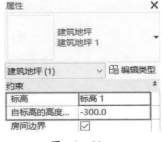

图 3-23

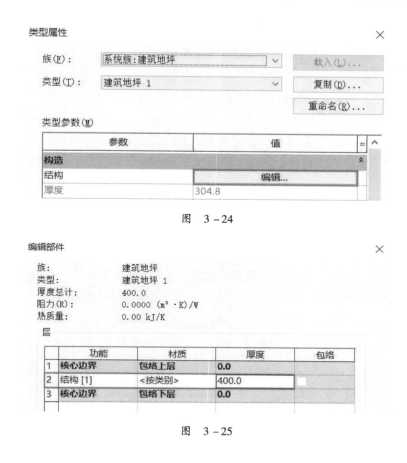

图　3 - 24

图　3 - 25

第 5 节　课后练习

5.1　理论考试练习

1. 在创建地形表面过程中，下列关于简化表面说法正确的是（　　）。
   A. 当使用大量的点创建地形表面时，可以简化表面来提高系统性能
   B. 当地形表面简化后，等高线的精度和几何图形一定不会受到影响
   C. 地形在简化表面时，随着输入的"表面精度"数值越大，减少的点就越少
   D. 在地形表面简化后，一定要添加点以增加精度

2. 关于建筑地坪下列说法正确的是（　　）。
   A. 建筑地坪能超出地形表面的边缘，创建单个建筑地坪时可以使用多个连接区域
   B. 建筑地坪能超出地形表面的边缘，创建单个建筑地坪时不可以使用多个连接区域
   C. 建筑地坪不能超出地形表面的边缘，创建单个建筑地坪时可以使用多个连接区域
   D. 建筑地坪不能超出地形表面的边缘，创建单个建筑地坪时不可以使用多个连接区域

3. 下列关于场地说法正确的是（　　）。
   A. 在场地创建中，可以在地形表面的边界外创建子面域，不需要与地形表面有重叠的部分

　　B. 拆分表面命令不可以一次拆分多个区域

　　C. 合并表面可以将多个单独的地形表面合并为一个表面

　　D. 以上答案均不正确

4. 在放置构件时，按（　　）键循环单击，可以调整构件方向。

　　A.〈Ctrl〉　　　　　　　B.〈Alt〉　　　　　　C.〈Space〉　　　　　D.〈Shift〉

5. 在默认状态下，以下（　　）中可以查看到项目基点。

　　A. 场地平面视图　　B. 标高 1 楼层平面图　C. 三维视图　　　　D. 标高 1 天花板平面

5.2　实操考试练习：　场地布置

　　根据所给图纸（图 3-26、图 3-27），使用配套文件"第 3 章 场地"文件夹中的"场地样板"为样板文件创建场地，将场地拆分为不同区域，并添加指定材质。"砾石-紧凑"材质的小路与左右两侧草地是一块地形，其余均不是同一地形。布置树木、停车位、长椅、儿童娱乐设施，题中未给定信息自定合理值，将文件以"公园场地布置"为文件名保存。

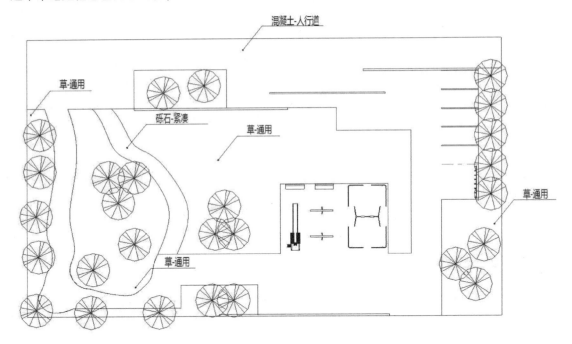

图 3-26　场地平面图

案例解析

　　1）据题分析，应使用配套文件中样板，新建项目。

　　2）同一场地拆分区域，应使用"子面域"命令；拆分为多个地面应使用"拆分表面"命令；为不同场地指定材质，应修改选定场地的"材质"属性；需要布置各类构件，应使用"场地构件"命令；布置停车场构件，应使用"停车场构件"命令。

操作步骤

　　1）打开 Revit 软件，在"最近使用的文件界面"中，单击"新建"，在弹出的"新建项目"

对话框中，单击"浏览"命令，如图3-28所示。找到"场地布置"文件，单击"打开"，选择新建"项目"，单击"确定"。

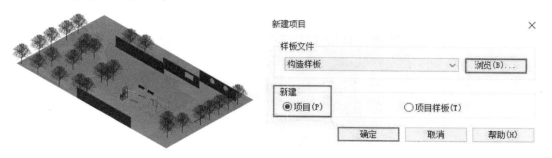

图 3-27 场地三维图　　　　　　　　　　　图 3-28

2）进入"场地"楼层平面，单击"拆分表面"命令，选择样板中的地形表面，对地形表面进行拆分，重复上述操作，将地形表面拆分成多个区域，如图3-29所示。

3）点击"子面域"命令，根据给定图纸绘制草地中间小路轮廓，如图3-30所示。

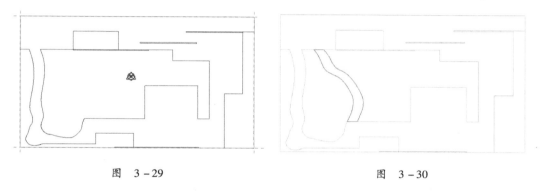

图　3-29　　　　　　　　　　　　图　3-30

4）选择任意一个地形表面，单击"属性"面板中"材质"命令添加材质，如图3-31所示，在弹出的"材质浏览器"对话框中选择对应材质，单击"确定"。以此类推，根据平面图将所有地形表面赋予材质，完成后如图3-32所示。

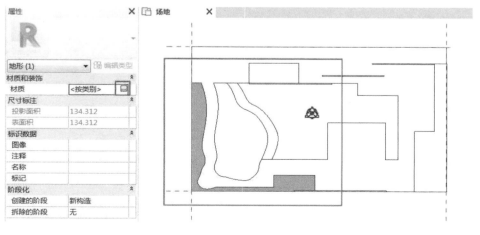

图　3-31

图　3－32

5) 单击 "场地构件" 命令，在 "类型选择器" 中选择需要放置的模型（图 3－33），在场地对应位置上放置树木，重复上述操作将其他所需构件依次放置在模型中，如图 3－34 所示。

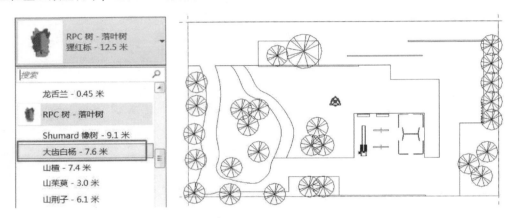

图　3－33　　　　　　　　　　图　3－34

6) 单击 "停车场构件" 命令，在 "类型选择器" 中选择需要放置的模型，在场地对应位置上放置停车场构件，放置前按〈空格〉键可切换构件方向，如图 3－35 所示。

7) 完成后单击 "保存"，输入指定名称 "公园场地布置"，单击 "确定" 完成创建。

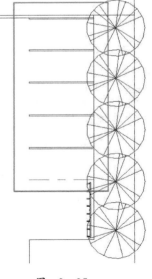

图　3－35

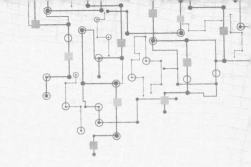

第 **4** 章　标高、轴网

技能要求：

- 掌握标高、轴网的创建及编辑操作
- 能够使用相关命令快速创建标高、轴网
- 能够使用设计 CAD 图纸辅助创建轴网

第 1 节　创建与编辑标高

1.1　创建标高

Revit 软件中的"标高"是一个有限的水平面，主要用作屋顶、楼板和天花板等以标高为主体的图元的参照。

图　4 - 1

1. 手动绘制创建标高

选择"建筑样板"新建一个项目，进入任意立面视图（如东立面视图），如图 4 - 1 所示，单击"建筑"选项卡下"基准"面板中的"标高"命令（图 4 - 2），进入"修改 | 放置 标高"上下文选项卡进行标高的创建。

图　4 - 2

默认情况下选项栏上的"创建平面视图"处于选中状态，如图 4 - 3 所示，如果取消勾选"创建平面视图"，则该标高是非楼层的标高或参照标高，并且不创建关联的平面视图。在选项栏上单击"平面视图类型"，在弹出的"平面视图类型"对话框中指定所需创建的视图类型，此处选择天花板平面和楼层平面（图 4 - 4）。

修改 | 放置 标高　　☑创建平面视图　平面视图类型...　　偏移：0.0

图　4 - 3

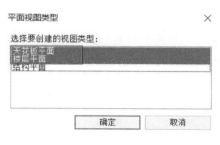

图　4 - 4

　　鼠标指针在绘图区域内变成"十"字，在"属性"面板单击"类型选择器"，选择对应的标高标头，如图 4-5 所示，将鼠标指针放置在绘图区域之内，然后单击鼠标开始绘制，在绘图区域内单击一点确定标高起点（图 4-6），或输入数值（图 4-7）可确定标高起点位置（输入的数值为距离最近的标高的相对距离），再确定标高终点来绘制一条标高，重复上述操作绘制多条标高。

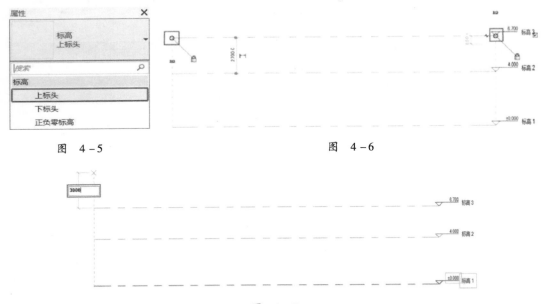

图　4-5　　　　　　　　　　　　　　　　　　　　图　4-6

图　4-7

　　⚠ **注意：** 当放置光标以创建标高时，如果光标与现有标高线端点对齐，则光标和该标高线之间会显示一条垂直虚线，如图 4-8 所示。

图　4-8

2. 通过复制、阵列创建标高

　　可以通过复制、阵列现有标高来创建标高。选择"建筑样板"新建一个项目，进入任意立面视图，选择"标高 2"，如图 4-9 所示。

图　4-9

当创建多个标高且每层高度均不一样时，可以使用"复制"命令创建标高。选择视图中的"标高2"，进入"修改 | 标高"上下文选项卡，单击"复制"命令，勾选选项栏中"多个"，在绘图区域内，在"标高2"位置上单击鼠标左键，如图4-10所示，将鼠标指针移动到要放置新图元的位置，单击放置新图元，或直接输入要复制的距离值（图4-11），继续放置更多图元，完成后按〈Esc〉键退出创建标高。

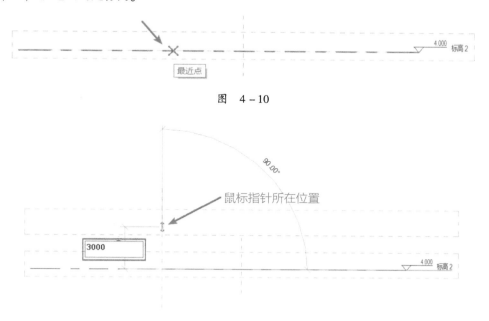

图 4-10

图 4-11

当创建多个标高且每层高度一致时，可以使用"阵列"命令创建标高。选择视图中的"标高2"，进入"修改 | 标高"上下文选项卡，单击"阵列"命令，在选项栏中选择"线性"阵列，不勾选"成组并关联"，在"项目数"中输入标高数量为"10"，选择"移动到：第二个"，在绘图区域内，在"标高2"位置上单击鼠标左键，将鼠标指针移动到要放置第二个图元的位置，单击放置，或直接输入要阵列的距离值（单位为mm）（图4-12），确定输入值，完成标高的创建。

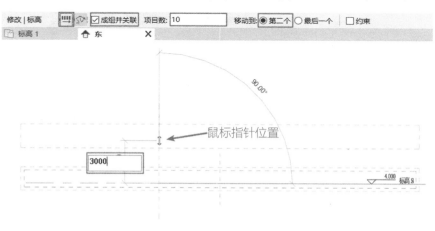

图 4-12

1.2　编辑标高

1. 编辑标高名称

1）通过选择该标高，再次单击标高名称可以编辑标高名称。

选择创建完成的标高，单击"标高 3"，如图 4 – 13 所示，在对话框中修改其名称，单击空白区域或按〈Enter〉键完成编辑，之后会弹出图 4 – 14 所示对话框，若希望平面视图与标高名称对应，则单击"是"，否则单击"否"。

图　4 – 13　　　　　　　　　　　　　　　　　　图　4 – 14

> ⚠ **注意**：创建多个标高时，标高会以最后字符为顺序依次排序，建议修改名称时，将可变字符放置在名称最后。当删除标高时，标高名称不会自动改变，且名称排序也不会自动改变。

当选择的标高为复制或阵列创建的标高时，在未添加对应关联的标高视图的情况下，改变名称将不会出现图 4 – 14 所示对话框。

2）属性面板中直接修改标高名称。

选择创建完成的标高，在"属性"面板中修改"名称"值，将"三层"改为"层三"，如图 4 – 15 所示。

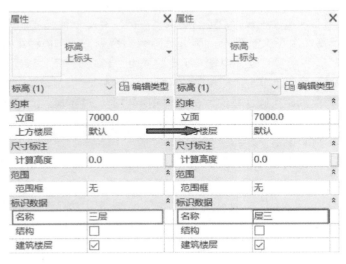

图　4 – 15

2. 修改标高高度

1）单击高程参数修改标高高度。

选择创建完成的标高，单击高程参数，如图 4 – 16 所示，在弹出的对话框中修改其高度（修改的参数单位为"m"）（图 4 – 17），单击空白区域或按〈Enter〉键完成编辑。

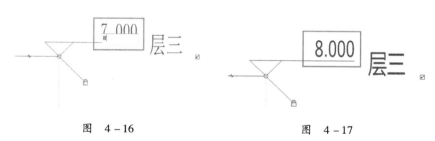

图　4-16　　　　　　　　　图　4-17

2）单击临时尺寸标注来修改标高高度。

选择创建完成的标高，单击临时尺寸标注（图4-18），在弹出的对话框中修改其高度，如图4-19所示，单击空白区域或按〈Enter〉键完成编辑。

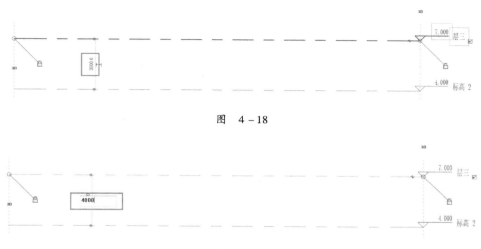

图　4-18

图　4-19

3）属性面板中直接修改标高高度。

选择创建完成的标高，在"属性"面板中修改"立面"值，将"7000"改为"8000"，如图4-20所示。

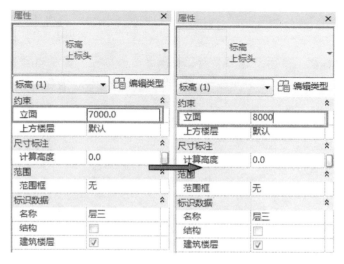

图　4-20

3. 添加弯头

当标高与标高位置相近时，可添加弯头进行调节，避免文字重叠。选择创建完成的标高，单击 "添加弯头" 符号（图 4 – 21），出现 2 个控制点（图 4 – 22），可拖拽控制柄将标头调整到合适的位置，如图 4 – 23 所示。

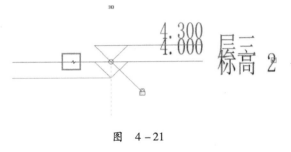

图　4 – 21

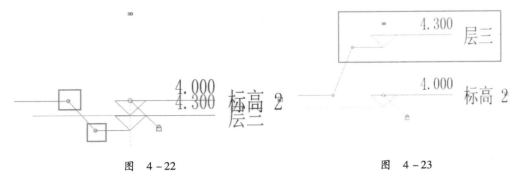

图　4 – 22

图　4 – 23

4. 标高锁

当新绘制的标高线长度与之前绘制的标高线长度一致且位置平行时，两个标高的头尾端点将相互对齐并锁定，选择与其他标高线锁定的标高线时将会出现一个锁，如图 4 – 24 所示，如果水平移动标高线端点改变标高线长度，则全部对齐的标高线会随之移动。

图　4 – 24

选择想要移动的标高，单击 "锁" 符号，如图 4 – 25 所示，即可将其解锁，单击标高端点（圆圈），拖动鼠标移动标高线，则只更改当前移动标高线的长度，若需再次锁定则将标高再次移至与其他标高对齐即可。

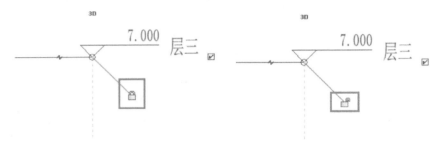

图　4 – 25

5. 2D/3D 范围切换

选择标高，在标高上方会显示"3D"图标（图4-26），单击"3D"图标可切换为"2D"图标（图4-27）。当状态为"3D"时，在当前视图调整标高标头左右位置，则其他对应视图也会产生变化。例如，在东立面修改（图4-28），那么对应的西立面也会同步修改（图4-29）。"2D"状态时调整标高标头左右位置，其他对应视图则不会变化（3D 转为 2D 时标高线转换的那一端将自动脱离锁定状态）。

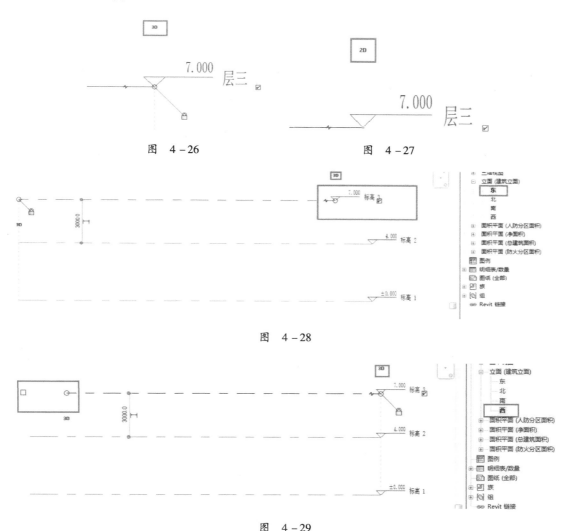

图 4-26   图 4-27

图 4-28

图 4-29

6. 显示/隐藏标高标头

1）类型属性中显示/隐藏标高名称的复选框。

选择标高，单击"属性"面板中"编辑类型"，在弹出的"类型属性"对话框中，勾选"端点1处的默认符号"和"端点2处的默认符号"可以显示此类型的标高两侧的标高标头，取消勾选则可以隐藏两侧的标高标头，如图4-30所示。端点1为创建标高时的起点，端点2为创建标高时的终点。

2）标高线上的显示/隐藏标高标头的复选框。

选择绘制完成的标高，取消方框内的"√"，则隐藏选中标高方框同侧的标高标头，勾选方框内的"√"，则显示选中标高方框同侧的标高标头，如图4-31所示。

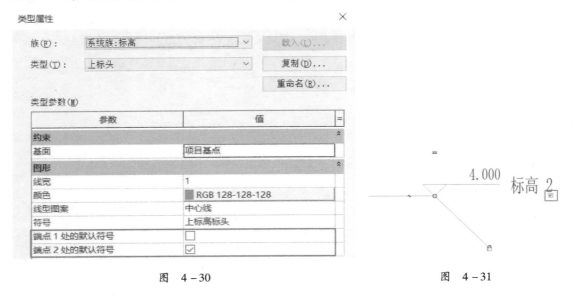

图 4-30　　　　　　　　　　　　　　　图 4-31

 注意：如果取消勾选了复选框中的"√"，即使"类型属性"中勾选了这一侧的复选框，该标高这一侧的标高名称也不会出现。

7. 标高的图形样式

创建完成标高后，单击"属性"面板中的"编辑类型"，在弹出的"类型属性"对话框中修改标高"图形"样式，单击下拉线宽列表选择线宽编号，设置标高类型的线宽；单击颜色值，可以从 Revit 定义的颜色列表中选择或自定义颜色；单击下拉线型图案列表设置标高线的线型图案，可以修改为虚线、实线、轴网线等；单击下拉符号列表，确定标高线标头的类型，若不想显示标高标头可选择"＜无＞"，如图4-32所示。

图 4-32

第 2 节　创建与编辑轴网

2.1 创建轴网

1. 手动绘制，创建轴网

选择"建筑样板"新建一个项目，进入任意楼层平面视图，单击"建筑"选项卡下"基准"面板中的"轴网"命令（图 4-33），进入"修改｜放置 轴网"上下文选项卡进行轴网的创建。选择绘制方式，在绘图区域内创建第一根轴网，如图 4-34 所示。轴网创建与其他线性图元一致，通过两点创建一条轴线。

图　4-33

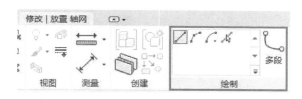

图　4-34

创建第二根轴网时与创建标高相似，光标指向轴线端点，Revit 软件会自动捕捉端点，基于第一根轴网输入具体数值确定轴网起点位置，再次捕捉另一个端点时确定终点位置，也可在绘图区域内随意单击确定轴网起点与终点位置。当轴网的长度一致、位置平行时，两条轴网线的头尾端点也会自动锁定。

多段线轴网：当绘制的轴网不再是平直的一条线段，而是成为有夹角甚至有弧度的多段轴网时，可以在创建轴网时，单击"修改｜放置 轴网"上下文选项卡下"绘制"面板中的"多段"命令，绘制多段轴网草图（图 4-35），单击"√"完成绘制，创建多段的轴网（图 4-36）。

图　4-35　　　　　　　　　　图　4-36

 注意：多段线可以运用多种绘制方式绘制一条连续的异形轴网。

2. 通过复制、阵列创建轴网

轴网的创建也可以通过复制、阵列来创建，与创建标高方式一致，可参考标高的创建。

3. 通过拾取 CAD 创建轴网

1) 导入 CAD：单击"插入"选项卡下"导入"面板中的"导入 CAD"命令，在弹出的"导入 CAD 格式"对话框中选择 CAD 文件"轴网"（配套文件"第 4 章 标高轴网"文件夹中"轴网"练习文件），设置"导入单位"为毫米，勾选"仅当前视图"，单击"打开"将 CAD 文件导入 Revit 软件中，如图 4-37 所示。

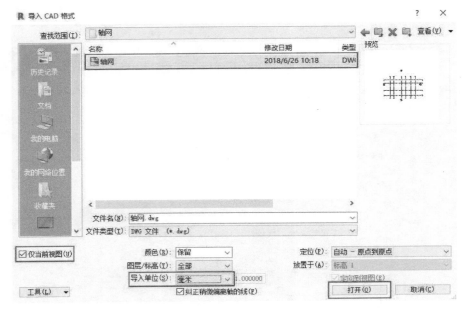

图　4-37

2) 选择导入的 CAD 文件"轴网"，单击"轴网"上的图钉，或者单击"修改|轴网.dwg"选项卡下"修改"面板中的"解锁"命令进行解锁，如图 4-38 所示。移动"轴网"至立面符号中央（目的是保证在四个立面视图中可以看到即将生成的轴网），如图 4-39 所示，再次单击图钉将轴网锁定。

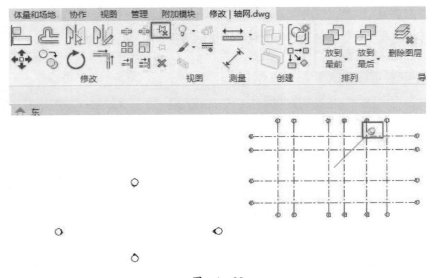

图　4-38

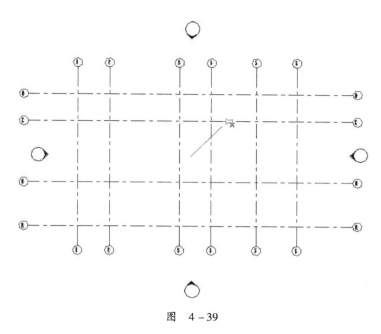

图　4－39

3）单击"建筑"选项卡下"基准"面板中的"轴网"命令，进入"修改｜放置 轴网"上下文选项卡，单击"绘制"面板中的"拾取线"命令，在绘图区域内拾取 CAD 轴线，拾取轴网时根据原有 CAD 顺序依次拾取，在 CAD 轴线的位置上自动生成 Revit 轴线，如图4－40所示。

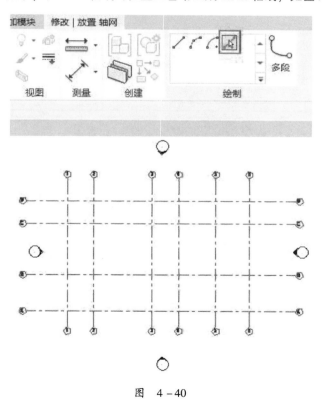

图　4－40

当创建的轴网并不是垂直于已有的立面视图方向时，那么不是与其垂直的立面视图将无法看见该轴网。例如，绘制一根水平方向的轴网，那么上下两个立面符号代表的"北""南"立面视图无法看见该轴网，只有"东""西"立面可见。同时，即使轴网垂直于对应的视图，若位置不在该立面视图可见范围内（即在对应立面视图符号代表的视图方向前方则为可见范围，该符号的后方则为可见范围以外），同样不可见。

 注意： Revit 会自动为每个轴网编号，确定第一条轴线的名称之后，其后的所有轴线都会自动根据第一条轴线进行之后的依次命名。要修改轴网编号，请单击编号，输入新值，按〈Enter〉键确认。可以使用字母作为轴线的名称。如果将第一个轴网编号修改为字母，则所有后续创建的轴线名称将依次生成。

2.2 编辑轴网

轴网的修改与标高相似，也可修改轴网名称、添加弯头、切换 2D/3D 范围、显示与隐藏轴网的轴头、符号等。

选择绘制完成的轴线，单击"属性"面板中的"编辑类型"，在弹出的"类型属性"对话框中可以对轴线的属性进行编辑。通过修改"轴线中段"或"轴线末端填充图案"可以设置轴线的线条样式；修改"符号"可修改轴线名称的文字及圆圈大小；修改"平面视图轴号端点 1（默认）"或"平面视图轴号端点 2（默认）"可控制平面视图中轴线起点和终点处的轴线名称显示；修改"非平面视图符号（默认）"则可控制轴线在立面中名称的显示，如图 4-41 所示。

图 4-41

第3节 创建平面视图

复制、阵列生成的标高，不会自动创建相关联的标高视图，且没有生成关联平面视图的标高标头为黑色（黑色背景时为白色），已生成楼层平面的标高标头为蓝色，如图4-42所示。所以通过复制、阵列完成创建标高后，需手动生成视图。

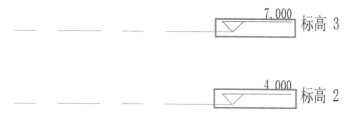

图 4-42

在 Revit 软件中楼层平面是基于标高生成的，常见的创建楼层平面视图的方法有2种。

1. 通过绘制标高创建

在立面视图中，使用"标高"命令创建标高时，勾选选项栏中"创建平面视图"选项（图4-3），单击"平面视图类型"命令，可选择创建的视图类型（图4-4）。

2. 手动创建

选择"视图"选项卡"创建"面板中"平面视图"下拉菜单中的"楼层平面"命令，如图4-43所示，在弹出的"新建楼层平面"对话框中选择"楼层平面"，单击"确定"（图4-44），之后会自动跳转到创建的"楼层平面"中。

图 4-43

图 4-44

注意：若要为已具有平面视图的标高创建平面视图，则取消勾选"不复制现有视图"。如果复制了平面视图，则复制的视图显示在项目浏览器中时将带有以下符号："标高1（1）"，其中圆括号中的值随着副本数目的增加而增加。

手动创建的方式无法创建不存在的标高视图，只能根据已有的标高创建与之关联的标高视图。

第 4 节　课后练习

4.1 理论考试练习

1. 在项目中添加标高，可以在（　　）中创建。
   A. 剖面视图或立面视图　　　　　　　　B. 平面视图
   C. 三维视图或立面视图　　　　　　　　D. 所有视图

2. 以下有关"标高"，说法正确的是（　　）。
   A. 只可以通过绘制的方式创建标高
   B. 选择标高，在属性面板"立面"值中不可以更改高度
   C. 选择标高，锁定状态下不可以修改标高的任何参数
   D. 以上答案均不正确

3. 在绘制标高过程中标高标头上方的"3D"代表（　　）。
   A. 在三维视图可见
   B. 在三维视图锁定
   C. 此标高平面中可以创建三维视图
   D. 所有平行视图里的标高标头同步联动

4. 当双击标高标头三角符号时，下列说法正确的是（　　）。
   A. 转到与此标高相对应的楼层平面　　　B. 更改高度
   C. 更改标高名称　　　　　　　　　　　D. 添加弯头

5. 绘制第一根轴线，更改名称为 C，之后绘制的轴线命名为（　　）。
   A. 按 1，2，3，4，……依次排序
   B. 按 D，E，F，G，……依次排序
   C. 都是 C
   D. 按 C1，C2，C3，C4，……依次排序

6. 在轴网"类型属性"对话框中，可以修改（　　）参数。
   A. 影响范围　　　　　B. 轴网名称　　　　　C. 轴线中段　　　　　D. 轴网数量

4.2 实操考试练习：根据给定的 CAD 文件生成一套标高轴网

　　打开配套文件"第 4 章 标高轴网"文件夹，通过"南立面图"生成对应的标高，根据其中"一层平面图"生成对应轴网，样式不做要求，轴网应在对应立面可见其轴网轴号。完成后以"标高轴网. rvt"为文件名保存。

案例解析

　　1）据题分析，需要以指定的 CAD 平面图纸为样本，在项目中创建对应的标高、轴网。

　　2）据题分析，需要将轴网在对应的视图中可见，应在立面符号中央创建轴网。

　　3）为方便创建，可将对应 CAD 平面图直接导入至项目平面中以拾取创建轴网，立面图可直接打开，如没有对应的 CAD 软件也可一并导入至项目中以方便创建标高。

4）应以指定名称及格式保存。

操作步骤

1）使用"建筑样板"新建一个项目，将"一层平面图"导入到项目中，导入"标高一"视图，并将其解锁移动至立面符号中央，如图4-45所示。

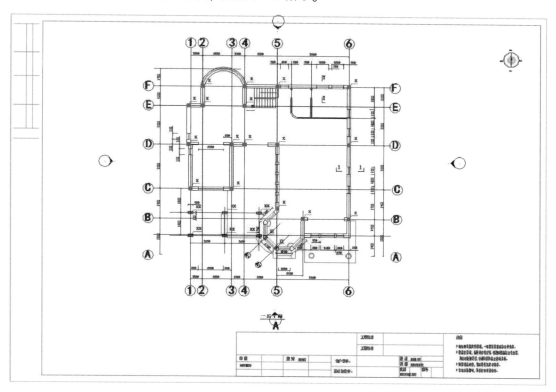

图 4-45

2）切换至"南"立面视图，参照"南立面图"图纸创建出相应标高，并调整轴网高度，最终结果如图4-46所示。

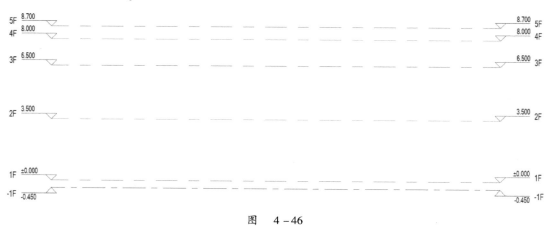

图 4-46

3）进入一层平面图，选中CAD图纸，单击"修改|平面图.dwg"上下文选项卡下"导入实例"面板中的"查询"命令，选择不需要的CAD图层，在弹出"导入实例查询"对话框中单击

"删除"命令（图4-47），通过这种方式对图纸进行处理，仅保留轴线及相应尺寸标注，以方便拾取轴网和检查，处理完成结果如图4-48所示。

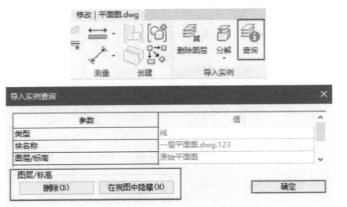

图　4-47

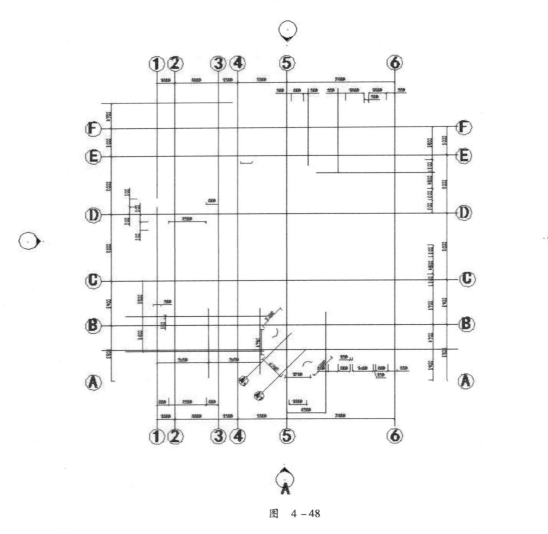

图　4-48

4）单击"建筑"选项卡下"基准"面板中的"轴网"命令，在"修改 | 放置 轴网"上下文选项卡中选择"拾取线"命令绘制轴网，如图 4 – 49 所示。

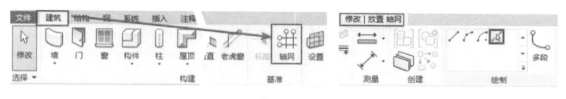

图 4 – 49

5）在左侧"类型选择器"中切换轴网类型为"6.5mm 编号"，依次单击拾取 CAD 轴网并进行调整，完成的轴网如图 4 – 50 所示。

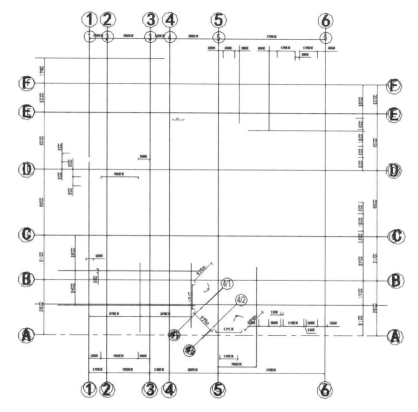

图 4 – 50

⚠️ **注意**：选中一条轴网，若有上锁标记和虚线，则表示该轴网与其他轴网关联在一起，如图 4 – 51 所示，可拖动轴网的端点（圆圈）来统一调整所有关联轴网长度的效果。

3D：此状态下对轴网端点进行拖拽，改变的是轴网在所有楼层平面的长度，此时端点显示为"圆圈"。

2D：单击原有"3D"符号，会切换为"2D"状态，此状态下对轴网端点进行拖拽，改变的是轴网在当前楼层平面的长度，

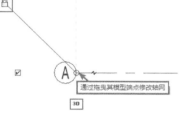

图 4 – 51

此时端点显示为"圆点"。默认状态下"圆圈"与"圆点"重合，如需恢复到"3D"状态，只需将"圆点"拖拽至"圆圈"内即可。

　　6）在轴网拾取创建完成后，选中 CAD 图纸，按〈Delate〉键删除 CAD 底图，再通过拖拽轴线等方式对轴网进行整理，轴网创建完成后如图 4 - 52 所示。

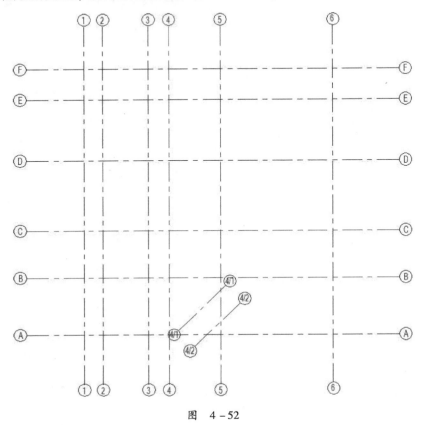

图　4 - 52

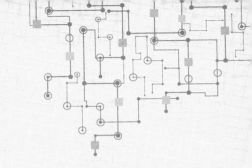

第 **5** 章 建筑柱

技能要求：

- 掌握建筑柱的放置与编辑
- 能够根据设计 CAD 图纸正确放置建筑柱

第1节 放置柱

1.1 放置矩形柱

选择"建筑样板"新建一个项目，单击"建筑"选项卡下"构建"面板中的"柱"下拉列表"柱：建筑"命令，如图 5-1 所示。

在选项栏中出现以下内容，如图 5-2 所示。

放置后旋转：勾选此选项可以在放置柱后将其旋转自定义角度。

高度/深度：此设置为柱的生成方式，默认为按"高度"绘制，"高度"即从底部向上生成，要使柱从顶部向下生成，应选择"深度"。切换为"深度"后在绘图区域任意位置单击鼠标左键，将出现如图 5-3 所示警告。由于视图范围的限制，柱子从标高 1 所在平面向下生成，所以在本平面视图中不可见。

图 5-1

图 5-2

图 5-3

切换回"高度"后单击绘制区域任意位置放置一根矩形柱。进入三维视图查看模型三维效果如图 5 - 4 所示。

标高/未连接：选择柱的顶部标高；或者在"未连接"状态下设置柱的高度。

房间边界：勾选此选项可以在放置柱之前将其指定为房间边界。

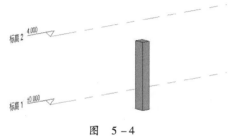

图　5 - 4

1.2　从库中载入

由于"建筑样板"中自带的建筑柱仅有"矩形柱"一种，造型比较单一，很多情况下无法满足建模需求，因此需要从族库中载入造型更加丰富的建筑柱。

单击"插入"选项卡下"从库中载入"面板中的"载入族"命令，如图 5 - 5 所示。

图　5 - 5

在弹出的族库文件夹中依次打开"建筑"→"柱"，选择"中式柱 3"，单击"打开"，将该族载入至项目中，如图 5 - 6 所示。再次选择"柱：建筑"创建命令，在"类型选择器"中可以选择载入的新柱，选择"中式柱 3"类型（图 5 - 7），在绘制区域任意位置单击放置，三维效果如图 5 - 8 所示。

图　5 - 6

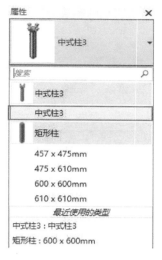

图 5－7

图 5－8

第 2 节　编辑柱

2.1　修改实例属性

　　选中在上一节创建的建筑柱，单击"类型选择器"下拉列表可以切换类型，修改实例"属性"面板中"约束"分组下的参数可以更改建筑柱的高度，如图 5－9 所示。

　　顶部/底部标高：通过关联相应标高指定柱顶部/底部的位置。

　　顶部/底部偏移：控制柱顶/底与关联标高的偏移量，正值为向上，负值为向下。

2.2　修改类型参数

　　单击"属性"面板中的"编辑类型"，弹出"类型属性"对话框，如图 5－10 所示。

　　偏移基准：柱与底部关联标高的偏移量，正值为向上，负值无效。

　　偏移顶部：柱与顶部关联标高的偏移量，正值为向下，负值无效。

　　新建类型：单击"复制"命令，在不影响当前项目自带类型的前提下，复制出一个新的类型，并重命名。

图 5－9

修改材质：单击"材质"面板＜按类别＞后的"…"命令，打开"材质浏览器"对话框，在搜索栏输入"混凝土"，在材质库中找到"粉刷，米色，平滑"，单击"将材质添加到文档中"，在项目材质列表中选中"粉刷，米色，平滑"，如图 5 – 11 所示，单击"确定"，完成材质设置。

编辑截面尺寸：在"尺寸标注"界面中可以修改"深度"和"宽度"的数据来更改建筑柱的截面尺寸。建筑柱修改之后三维如图 5 – 12 所示。

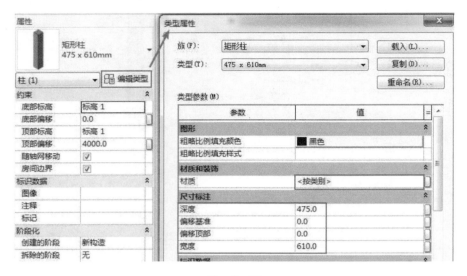

图　5 – 10

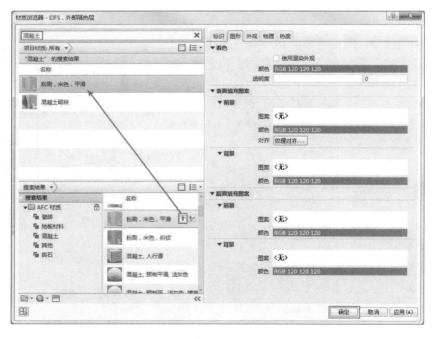

图　5 – 11　　　　　　　　　　　　　　　图　5 – 12

第 3 节　课后练习

3.1　理论考试练习

1. 下列说法正确的是（　　　）。

    A. 不可以使用建筑柱围绕结构柱创建柱框外围模型

    B. 如果连接墙和建筑柱，并且墙定义 "粗略比例填充图案"，则连接后的柱也会采用该填充图案

    C. 只能在平面视图中添加柱，柱的高度由 "底部标高" 和 "顶部标高" 属性以及偏移定义

    D. 柱可以自动附着到屋顶、楼板、天花板

2. 下列关于 "建筑柱" 说法正确的是（　　　）。

    A. 墙的复合层可以包络建筑柱

    B. 创建建筑柱时，通过 "在轴网处" 命令可以将建筑柱放置在选定轴网的交点处

    C. 选择建筑柱在属性面板中勾选结构可以将建筑柱转换为结构柱

    D. 以上答案均正确

3.2　实操考试练习：　运用建筑柱命令布置场景

    打开配套文件 "第 5 章 建筑柱" 文件夹，根据 "一层平面图" 在 "轴网" 案例模型的基础上布置建筑柱。已知 "一层平面图" 中 Z 柱截面尺寸为 "370×370"，ZZ 柱截面尺寸为 "250×500"，Z1 柱截面尺寸为 "265×370"，根据图纸在对应位置布置符合尺寸的建筑柱。

案例解析

    根据题目可以获得柱截面尺寸信息，需要在 "类型属性" 对话框中新建对应类型，并调整为相应尺寸，然后结合图纸在轴网上布置对应的建筑柱，可以通过导入对应图纸对建筑柱进行快速定位，注意对齐相应的轴网。

操作步骤

    1）打开 "轴网" 案例模型，进入 "标高 1" 平面视图，导入 "一层平面图" 的 CAD 图纸，如图 5-13 所示。

    2）使用 "对齐" 命令，将图纸与轴网对齐，此处可选择 1 轴、B 轴交点为基准点，对齐后如图 5-14 所示。

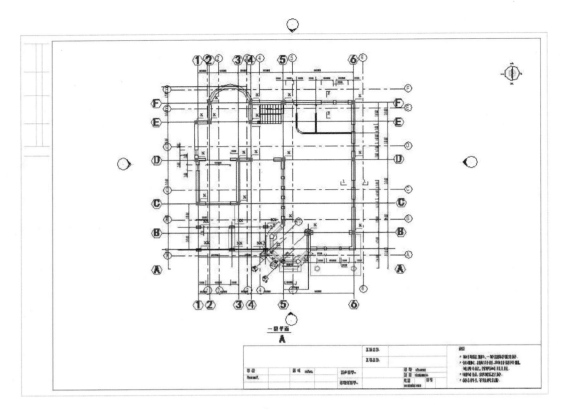

图　5-13

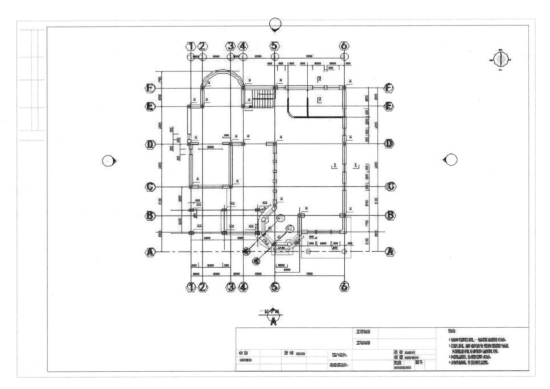

图　5-14

3）选中 CAD 图纸，单击"修改｜平面图 . dwg"上下文选项卡中"导入实例"面板的"查询"命令，依次单击 CAD 中的图元，在弹出"导入实例查询"对话框中单击"删除"命令，将与柱以及轴网无关的内容删除，仅保留如轴线、尺寸标注、柱标记等内容。CAD 图纸处理之后如图 5 –15 所示。

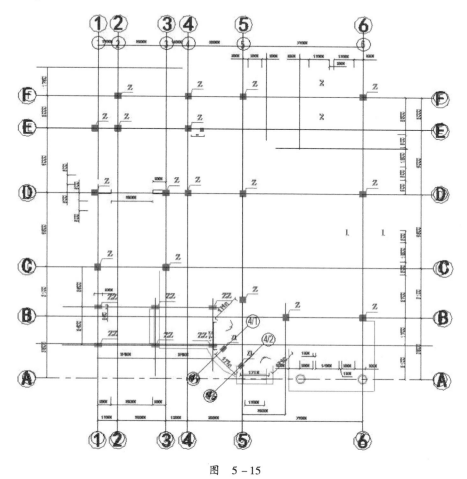

图　5 –15

4）单击"柱"下拉列表中"柱：建筑"命令。单击"属性"面板内"编辑类型"命令，进入"类型属性"对话框，复制新的柱类型将名称设置为"Z"，修改尺寸标注界面的深度和宽度为"370"，单击"确定"完成新柱的创建，如图 5 –16 所示。

5）在绘制区域单击鼠标左键将柱放置在对应 CAD 图中所示 Z 柱的位置，如图 5 –17 所示。

Revit 中有两种方法使布置的建筑柱模型与 CAD 图纸的柱位置对齐。

方法一：选中放置好的建筑柱，激活尺寸标注后，用鼠标拖动尺寸标注的边界线，通过输入与轴网的距离来控制模型位置，如图 5 –18 所示。

图 5 – 16

方法二：单击"对齐"命令，先单击 CAD 图纸柱的边界线，再单击建筑柱模型边界线，重复"对齐"命令操作两次，使其对齐，如图 5 – 19 所示。在本题中，图纸没有给出距离数据，所以使用方式二来确定柱的位置。

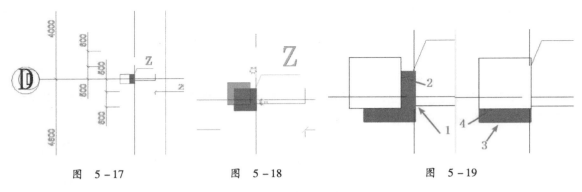

图 5 – 17　　　　　　　　　图 5 – 18　　　　　　　　　图 5 – 19

6）重复上步操作将所有"Z"截面尺寸的柱布置完毕，如图 5 – 20 所示。

7）重复 4）、5）的步骤将"ZZ""Z1"布置完毕。选中 CAD 图纸，删除 CAD 底图，效果如图 5 – 21 所示。

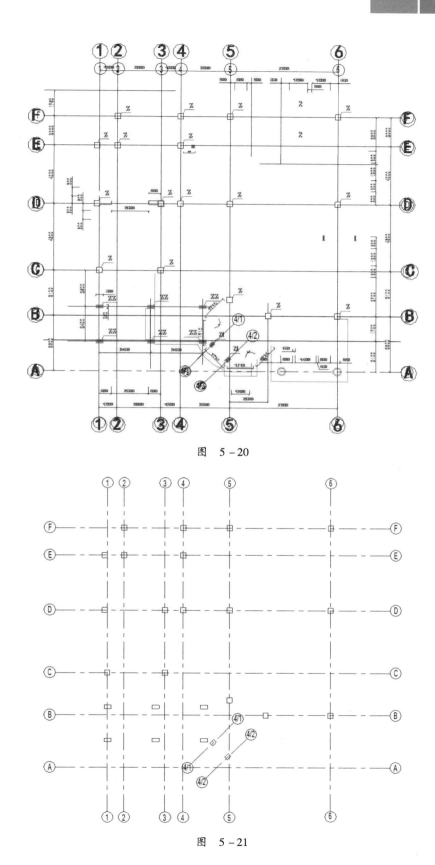

图 5-20

图 5-21

注意：Z1 柱虽然有角度，但是仍然可以使用"对齐"命令完成布置，如图 5 – 22 所示。

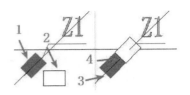

图　5 – 22

8）模型完成结果如图 5 – 23 所示。

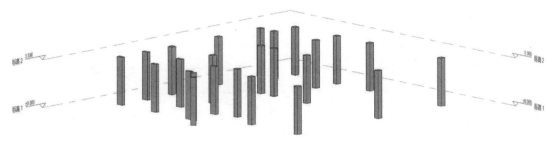

图　5 – 23

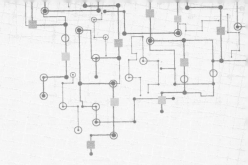

第**6**章　墙

技能要求：
- 掌握墙体的绘制与编辑方法
- 掌握叠层墙的使用方法
- 掌握幕墙的绘制与编辑方法

第1节　创建与编辑基本墙

1.1　创建墙

1. 绘制建筑墙体

在 Revit 中绘制墙体时，需要综合考虑墙体的高度、类型、定位线等基本属性的设置。

1）选择"建筑样板"新建一个项目，进入"标高1"楼层平面，单击"建筑"选项卡下"构建"面板中的"墙"下拉列表内的"墙：建筑"命令，如图 6-1 所示。进入"修改|放置墙"上下文选项卡进行墙的创建。在建筑样板中已经预设了多种不同类型的墙体，它们的厚度、结构、材质各不相同，可以通过"类型选择器"进行选择和切换以满足建模的需求，为了讲解方便，此处选择"基本墙 常规-200"。

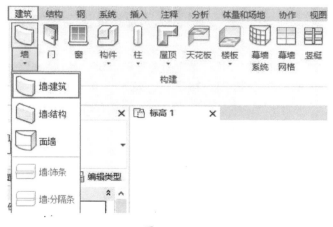

图　6-1

　注意："墙：饰条"和"墙：分隔缝"命令只可以在三维视图或立面视图中使用，因此在平面视图中命令灰选。

2）在"绘制"面板中可以选择绘制墙体的方式，如图 6-2 所示。除常规的绘制方式外还可以使用"拾取面"方式，通过选中体量面或者常规模型表面来快速创建墙体。

图　6 - 2

3）选项栏显示"修改｜放置 墙"的相关设置，在选项栏可以设置墙体竖向约束、水平定位线，勾选链复选框，设置偏移量、半径以及连接状态等，如图 6 - 3 所示。

图　6 - 3

4）选择"直线""起点 – 终点 – 半径弧"绘制方式，选项栏设置如图 6 - 4 所示，绘制一段墙体。

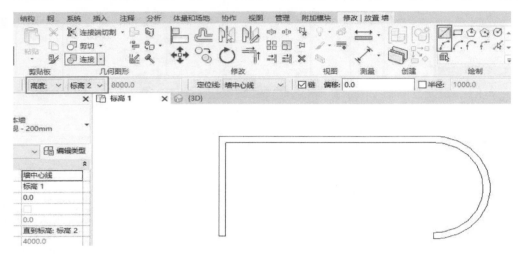

图　6 - 4

2. 多层创建

当需要绘制多层建筑物的墙体时，可以使用不同的方法实现。

打开配套文件"第 6 章 墙"文件夹中的"多层创建"案例模型，通过下列 4 种方法可达到如图 6 - 5 所示的效果。

方法一：切换至"标高 1"楼层平面，选中所有墙体，在"属性"面板中将"约束"面板的"顶部约束"下拉列表选择为"直到标高：标高 4"，如图 6 - 6 所示。

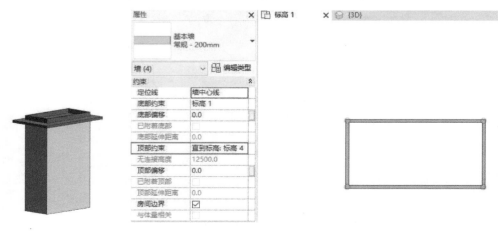

图　6 - 5　　　　　　　　　　　　图　6 - 6

　　方法二：切换至任意立面视图，选中墙体，鼠标拖动"造型操作柄"，直到"标高4"显示为蓝色，释放鼠标左键即可，如图6-7所示。

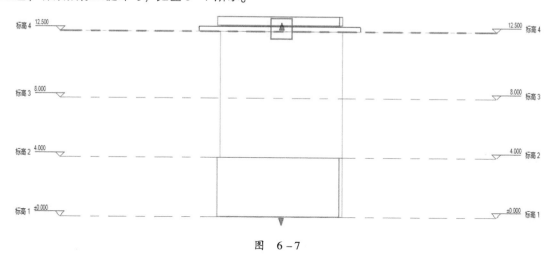

图　6-7

　　方法三：切换至三维视图，选中所有墙体，在"修改│墙"上下文选项卡中单击"附着顶部/底部"命令，再单击需要附着的屋顶，则可使墙体自动附着至该屋顶下部，如图6-8所示。

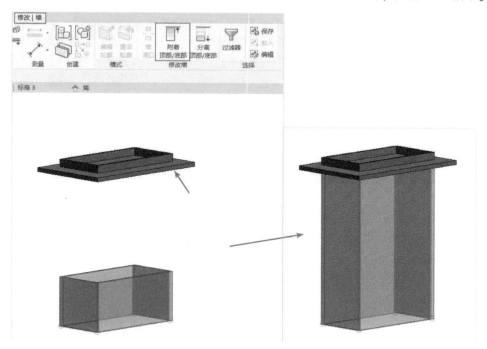

图　6-8

　　方法四：切换至"南立面"楼层平面，选中所有墙体，单击"修改│墙"上下文选项卡"复制到剪贴板"命令，再单击"粘贴"下拉列表的"与选定的标高对齐"命令，在弹出的"选择标高"界面选择"标高2"，单击"确定"，如图6-9所示。重复"粘贴"命令，再粘贴到"标高3""标高4"，完成多层墙体创建。

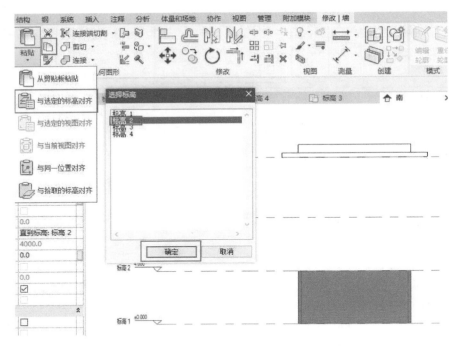

图 6-9

⚠️ **注意**：方法一、二两种方式是通过修改了墙体的高度来达到目的，方法三墙体本身参数没有发生变化，只是为了附着到屋顶底部而延伸了墙体，方法四是不同的墙体叠加在一起，且复制的墙体高度一致，所以在本案例中标高3的层高有4.5m，就会导致墙体高度不足以延伸至屋顶下方，可通过下一节的修改解决此问题。

1.2 编辑墙

在创建墙体以后，可以根据需要对墙体进行修改。打开配套文件"第6章 墙"文件夹中的"墙体编辑"案例模型。

1）如图6-10所示，选中高亮显示的墙体，单击"编辑类型"按钮，弹出"类型属性"对话框，单击"结构"后的"编辑"按钮，打开"编辑部件"对话框，在此界面对墙体的结构进行编辑，如图6-11所示。

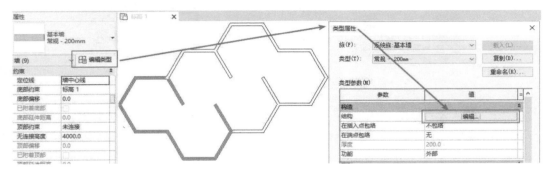

图 6-10

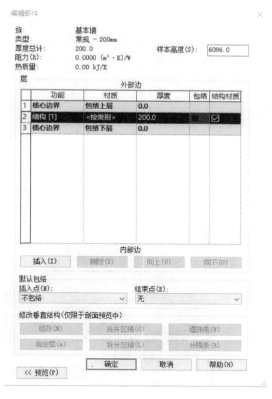

图 6 – 11

2）单击"插入"按钮添加新的结构层，此时新添加的结构层厚度为"0"，选中新添加的结构层使用"向上""向下"按钮将其调整为图 6 – 12 所示位置，在"厚度"一栏输入数值，并添加相应材质。

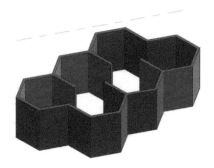

图 6 – 12

3）如图 6 – 13 所示，选中内部墙体，在"类型选择器"中切换墙体类型为"常规 140mm 砌体"。

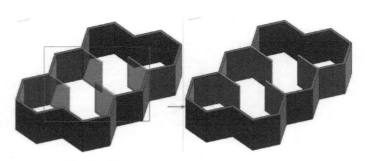

图　6 – 13

4）回到"楼层平面标高 1"，依次选中 1 至 8 号墙体，单击"↑↓"控件修改墙的方向，"↑↓"控件所在的位置为外墙面，可以根据控件的特性快速辨别内外墙，调整后的三维效果如图 6 – 14所示。

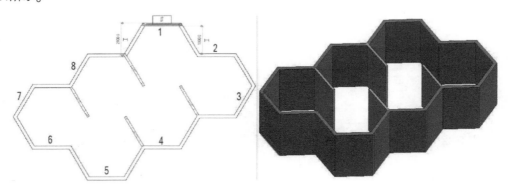

图　6 – 14

5）在三维状态下选中墙体，可以对该墙体的实例属性进行调整，如图 6 – 15 所示。其中"底部约束"定义了墙底部的标高基准，此处为"标高 1"。如果移动此处所使用的标高线高度，墙体底部也会跟随移动，"底部偏移"则控制墙体与底部标高基准的距离，正值为向上，负值为向下。"顶部约束"为"未连接"时，可以在"无连接高度"一栏设置墙体的高度值，若将其关联到标高，则"无连接高度"不可编辑，墙体高度默认为底部约束和顶部约束之间的高度。

6）可以同时选择多面墙体同时调整实例属性，分别定义对应墙体高度为 2500、4000、5500，调整后的效果如图 6 – 16 所示。

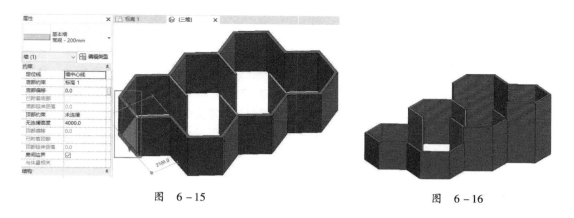

图 6-15　　　　　　　　　　　　　　　　　图 6-16

1.3　创建与编辑墙饰条和分隔条

墙饰条和分隔条是依附于墙主体的，用于沿墙水平方向或垂直方向创建墙装饰结构。使用墙饰条和分隔条，可以很方便地创建女儿墙压顶、室外散水、墙装饰线脚等。

1. 放置墙饰条

打开配套文件"第6章 墙"文件夹中的"墙饰条和分隔条"案例模型，在此基础上放置墙饰条。

1）切换到三维视图，单击"建筑"选项卡下"构建"面板中的"墙"下拉列表内的"墙：饰条"命令（图6-17），进入"修改 | 放置 墙饰条"上下文选项卡进行墙饰条的创建。

2）单击"修改 | 放置 墙饰条"上下文选项卡"放置"面板中的"水平"命令，如图6-18所示。

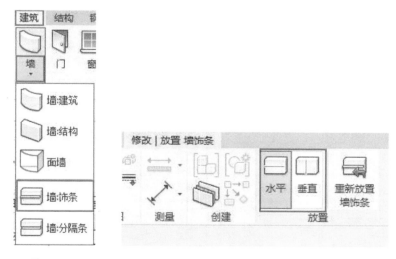

图 6-17　　　　　　　　图 6-18

将鼠标指针移到墙体表面，会显示墙饰条预览轮廓，鼠标指针所在的位置即为墙饰条放置的位置，移动鼠标指针位置时墙饰条的预览轮廓也会随着移动。单击墙上任意位置放置墙饰条，如图6-19所示。

 注意：放置墙饰条后，该墙体上不能继续放置墙饰条，显示禁止放置状态，同时"放置"面板上的"水平"和"垂直"命令也是禁止使用的。

单击"放置"面板中的"重新放置墙饰条"命令，"水平"和"垂直"命令又可以重新使用，这样同一片墙体上就可以继续放置第二根墙饰条。放置墙饰条后如果不退出当前的命令，当移动鼠标指针到另一面墙体时墙饰条预览轮廓的位置并不会改变，而是会按照上一个墙饰条的位置进行定位，同样墙饰条也可以识别墙体转角，为方便观察可以将"视觉样式"切换为"隐藏线"，如图 6－20 所示。按〈Esc〉键或者鼠标点击绘制区域空白处，退出命令。

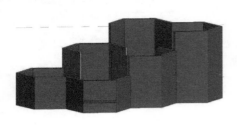

图 6－19　　　　　　　　　　　图 6－20

选中"墙饰条"，端点处会有拖拽墙饰条端点的蓝色实心点，当按住鼠标拖拽墙饰条端点的蓝色实心点时，可以改变墙饰条的长度，如图 6－21 所示。与此同时，会进入"修改｜墙饰条"上下文选项卡，单击"添加/删除墙"命令可以在未生成墙饰条的墙体上添加与选中墙饰条造型高度一致的墙饰条，再次单击同一面墙体，会将之前生成的墙饰条删除。

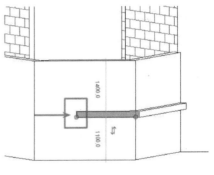

2. 墙饰条实例属性

1）选中"墙饰条"，在"属性"选项板将"与墙的偏移"设置为"1000"，墙饰条会向外偏移 1000，若输入负值则向墙内偏移。"相对标高的偏移""1100"是指墙饰条的"路径"距离墙底部标高为 1100，如图 6－22 所示，若输入负值需要对应位置存在墙体，否则无法生成墙饰条。选中墙饰条，单击墙饰条上的翻转控件，墙饰条会沿着自己本身的路径进行翻转。

图 6－21

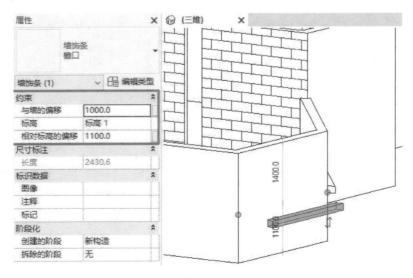

图 6－22

2）选中墙饰条，单击"修改｜墙饰条"上下文选项卡的"修改转角"命令，在选项栏确认选择"转角"的"角度"为"90°"，如图 6 - 23 所示。单击墙饰条转角的位置，执行"修改转角"命令，单击完成后按〈Esc〉键退出"修改转角"命令，再次选中该墙饰条，拖拽蓝色实心点，墙饰条将按90°进行转弯，如图 6 - 24 所示。

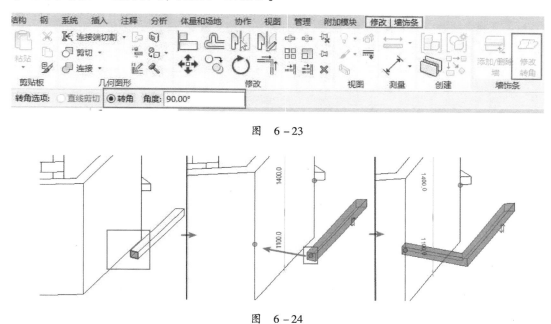

图　6 - 23

图　6 - 24

3）选中已经转过角的墙饰条，单击"修改｜墙饰条"上下文选项卡的"修改转角"命令，在选项栏上确认选中"直线剪切"选项，如图 6 - 25 所示，单击高亮显示的转角位置即可将转角调整成直线剪切的样式。

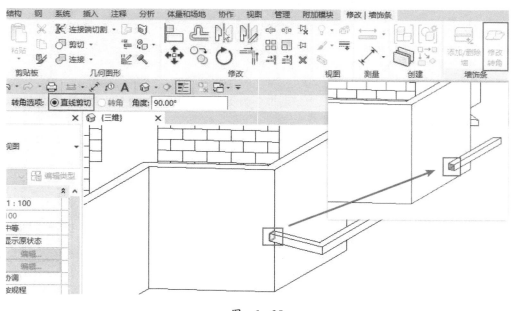

图　6 - 25

⚠️ **注意**：直线剪切的命令和转角的命令是相反的，执行转角以后可以修改墙饰条的方向，执行直线剪切将会把墙饰条返回到原状态。

3. 墙饰条类型属性

单击"建筑"选项卡下的"门"命令，在任意一面墙上放置一扇门，之后添加墙饰条，选中墙饰条，单击"编辑类型"，打开"类型属性"对话框，如图 6-26 所示。

图　6-26

"剪切墙"的命令默认勾选，所以当给墙饰条为负值时，墙饰条将嵌入墙体并剪切重合部分，形成开槽的效果。

"默认收进"是指插入对象距墙饰条的距离，将默认收进的值更改为"200"，单击"确定"。单击"建筑"选项卡下"门"命令，在放有墙饰条的位置插入门，墙饰条会在门的两侧各退 200。一般情况下收进是为了避免墙饰条与贴面重叠，将收进值改为贴面宽度值（此处为 76）厚，效果如图 6-27 所示。

单击"轮廓"的下拉列表选择系统自带的"槽钢：槽钢"，单击"材质"，打开"材质浏览器"，选择"玻璃纤维加强型石膏"，勾选"使用渲染外观"复选框，如图 6-28 所示。依次单击"确定"，关闭所有对话框，三维效果如图 6-29 所示。

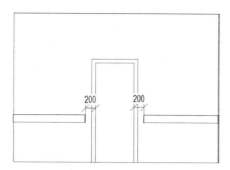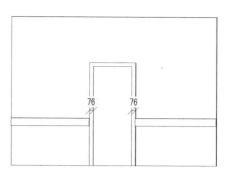

图 6-27

图 6-28

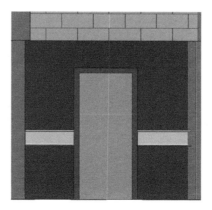

图 6-29

4. 创建墙饰条

1）单击"文件"，选择"新建"选项侧拉列表中"族"，在弹出的"新族 – 选择样板文件"对话框中，选择"公制轮廓"族样板，单击"打开"，打开公制轮廓族样板，如图6 – 30所示。

图　6 – 30

2）单击"创建"面板上的"线"，在参照标高的第一象限绘制踢脚线的形状，如图6 – 31所示。

 注意：踢脚线在放置时需要直接拾取墙的边缘，所以在第一象限向上直接绘制即可。

3）在"属性"面板中"轮廓用途"下拉列表选择"墙饰条"，如图6 – 32所示。

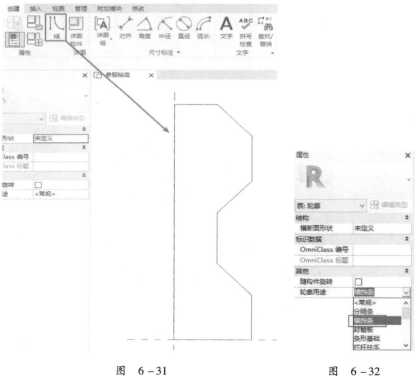

图　6 – 31　　　　　　　　　图　6 – 32

4）单击"创建"选项卡下"族编辑器"面板的"载入到项目"命令，将轮廓载入到项目，如图 6 - 33 所示。

图 6 - 33

5）在项目中单击"建筑"选项卡，"墙"下拉列表上的"墙：饰条"命令，在"属性"面板中单击"编辑类型"，打开"类型属性"对话框，"复制"一个新的类型，命名为"墙饰条 2"，将"轮廓"设置为"族1"，如图 6 - 34 所示。单击"确定"，在三维视图拾取墙体的底部放置墙饰条，如图 6 - 35 所示。

图 6 - 34

图 6 - 35

6）绘制顶部的冠顶饰条：同理，使用"公制轮廓"族样板。单击"创建"面板上的"线"，在参照标高的第四象限绘制图 6 - 36 所示的冠顶饰形状。在"属性"面板中展开"轮廓用途"下拉列表选择"墙饰条"。完成后将轮廓载入到项目，放置在墙上，如图 6 - 37 所示。

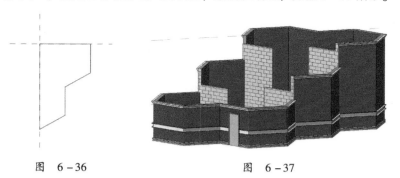

图 6 - 36

图 6 - 37

除了使用"墙饰条"命令创建墙饰条之外，还可在墙体"结构编辑"菜单中添加墙饰条。将之前创建的墙饰条删除后，选中任意一面墙体，单击"属性"面板内"编辑类型"，打开"类型属性"对话框，单击"结构"后的"编辑"按钮，单击"编辑部件"对话框左下角的"预览"，选择剖面预览视图。单击"墙饰条"命令，打开"墙饰条"对话框，使用"添加"按钮，添加墙饰条，按照图 6 - 38 所示进行相应设置。

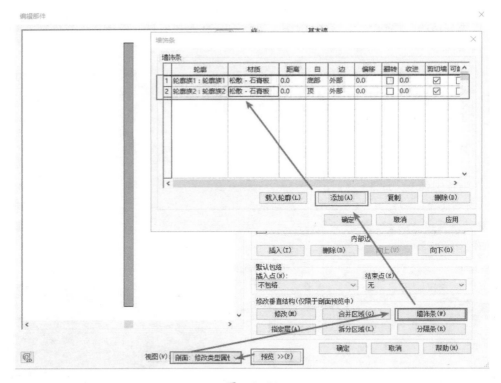

图 6-38

设置完成后依次单击"确定",关闭所有对话框,完成效果如图6-39所示。

 注意:在"编辑部件"中添加墙饰条的方式比在绘制墙体时生成墙饰条的位置更加精确,但是灵活度较弱。而直接使用墙饰条绘制的方式虽然放置墙饰条的位置比较灵活,但是修改的时候步骤更为繁琐。

5.分隔条

分隔条同墙饰条的创建及修改方法相同。

1)单击"建筑"选项卡"墙"下拉列表的"墙:分隔条"命令,选择"放置"面板中"水平"命令。拾取墙体放置分隔条,使用"修改│放置 分隔条"上下文选项卡下"放置"面板中的"水平""垂直"命令添加横纵两道分隔条,如图6-40所示,按两次〈Esc〉键,退出命令。同样可以通过调整分隔条实例属性中的轮廓来实现不同的造型。手动绘制轮廓时,需要将"轮廓用途"设置为"分隔条"。

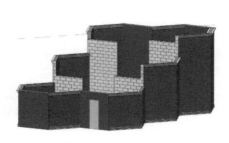

图 6-39

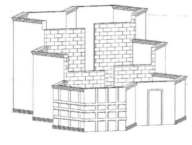

图 6-40

2）选中分隔缝（可配合〈Tab〉键进行选取），在"修改/分隔条"上下文选项卡，单击"添加/删除墙"命令，单击放置分隔条的墙体，分隔缝被自动取消。若单击没有放置分隔条的墙体，分隔缝会自动添加到墙体上。按〈Esc〉键退出命令。

第2节 创建与编辑叠层墙

Revit 包括叠层墙系统族，这些墙包含叠放在一起的两面或多面子墙，子墙在不同的高度可以具有不同的墙厚度。

2.1 使用叠层墙注意事项

使用叠层墙时，需要注意以下准则：

1）可以将垂直叠层的墙嵌入另一面墙或幕墙嵌板中。

2）所有子墙都使用与叠层墙相同的墙底定位标高和底部偏移。例如，如果叠层墙基于标高1，但其某一子墙位于标高3，则该子墙的"底部标高"为标高1。

3）可使用〈Tab〉键选中叠层墙中子墙，并修改子墙的类型参数。

4）在绘图区域中高亮显示垂直叠层墙时，整面墙首先高亮显示，根据需要配合〈Tab〉键，以高亮显示单个子墙。使用选择框只会选择整面墙。

5）编辑叠层墙立面轮廓时，是在编辑一个主轮廓。如果断开了叠层墙，则每面子墙都会保留编辑后的轮廓。

6）要在垂直叠层墙中放置附属构件，可能需要使用"拾取主要主体"工具，以便在垂直叠层墙与构成该叠层墙的某一面墙之间进行切换。

例如，绘制一段叠层墙，放置门。门嵌板放置的位置会自动位于顶部墙的外侧，这是因为门的主要主体是底部子墙，如图6-41所示。要正确放置门，选择门，并单击"修改 | 门"上下文选项卡"主体"面板中的"拾取主要主体"命令，将光标放置在墙上，并选择上面的墙体，可能需要配合〈Tab〉键来选择所需的墙，如图6-42所示。

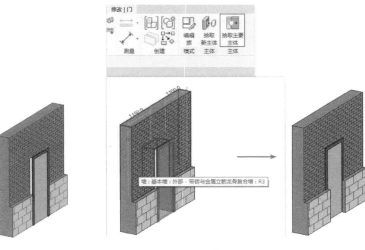

图 6-41　　　　　　　　　图 6-42

2.2 创建叠层墙

　　叠层墙的创建方法与基本墙大致相同，唯一的区别在于绘制墙体时所用的系统族不同。

　　选择"建筑样板"新建一个项目，进入"标高 1"楼层平面，单击"建筑"选项卡下"构建"面板中的"墙"下拉列表内的"墙：建筑"命令，在"属性"面板的"类型选择器"中选择叠层墙的系统族"外部－砌块勒脚砖墙"进行绘制（图 6－43）。若需要修改族属性参数，修改方式与基本墙相同。

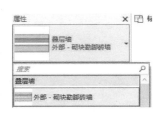

图　6－43

2.3 编辑叠层墙

　　在系统样板中叠层墙只有一种类型。可以在需要的时候把叠层墙断开为那些组成它的独立的墙类型。在没有断开之前，可以整体修改墙体的长度和高度，断开以后的墙体将成为各自独立的部分，彼此之间不能再恢复之前的叠层墙，各个子墙具有和之前的叠层墙相同的底部限制条件参数，参数"底部偏移"的数值，软件会自动根据墙体底部到所在标高进行计算。

　　1）使用"建筑样板"新建一个项目。在"标高 1"楼层平面中的绘图区域绘制连续的两段叠层墙，选择左侧的叠层墙，单击"编辑类型"，打开"类型属性"对话框，单击"复制"，复制一个新的类型，名称为"叠层墙 1"。同理，将右侧的叠层墙命名为"叠层墙 2"。

　　2）选中"叠层墙 1"，打开"类型属性"对话框，单击"编辑"按钮，按图 6－44 所示设置墙体。

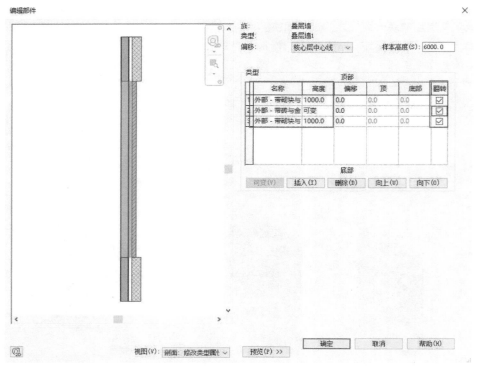

图　6－44

3）对"叠层墙2"进行类似的操作，按图6-45所示设置墙体。

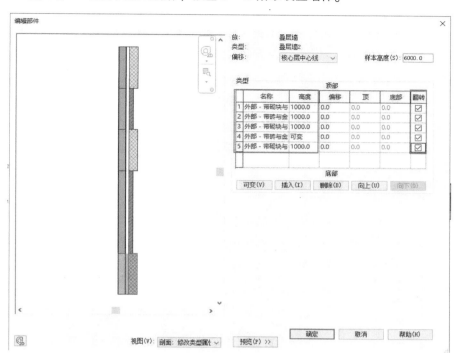

图 6-45

4）使用〈Tab〉键选择"叠层墙1"的顶部与底部子墙，修改其材质，将其颜色调整为"橙色"，分别将"叠层墙1"与"叠层墙2"的高度设置为6000与5000，三维效果如图6-46所示。

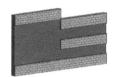

图 6-46

第3节 创建与编辑幕墙

建筑样板中系统内置的幕墙有"幕墙""外部玻璃"和"店面"三种默认规格。区别为"幕墙"没有默认的内部网格划分，"外部玻璃"拥有固定距离的垂直与水平网格划分，"店面"拥有固定距离的水平网格和最大间距的垂直网格划分。

3.1 创建幕墙

1）使用"建筑样板"新建一个项目。单击"建筑"选项卡下"构建"面板"墙"命令。在"属性"面板的"类型选择器"下拉列表中选择幕墙，如图6-47所示。在"修改|放置 墙"上下文选项卡的"绘制"面板中确认绘制的方式为"直线"，在绘制区域绘制任意一段长为8000的幕墙。

2）切换至"南"立面视图，单击"建筑"选项卡下"构建"面板中的"幕墙网格"命令，使用"放置"面板中的"全部分段"命令在幕墙上绘制网格,光标悬停在幕墙上时,网格会以虚线方式预览,系统会自动捕捉中点等特殊点。光标靠近水平边界或网格时绘制的是竖向的网格,反之绘制水平方向网格,如图 6 - 48 所示。单击鼠标左键直接绘制,在放置好网格之后可以通过修改临时尺寸标注上的数据来达到更改网格之间间距的目的,绘制完毕后的三维模型如图 6 - 49 所示。

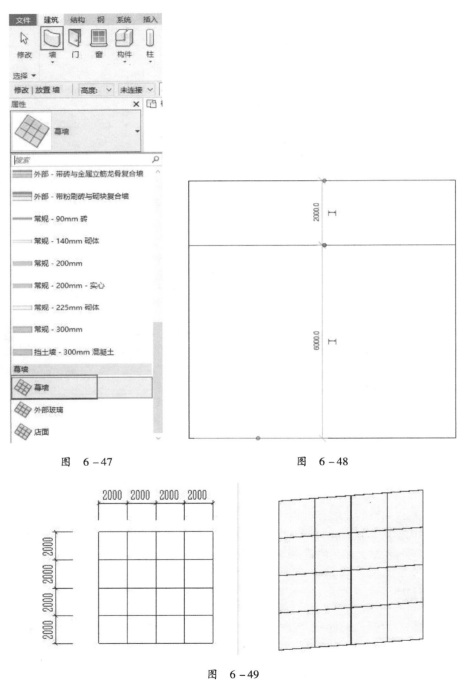

图 6 - 47   图 6 - 48

图 6 - 49

3)切换至"南"立面视图,单击"建筑"选项卡下"构建"面板中的"竖梃"命令,如图

6-50所示，系统默认布置方式为"放置"面板中的"网格线"，可以单击绘制好的网格布置竖梃，生成的是一整段网格线上的竖梃，还可以选择"全部网格线"命令，一次性生成所有网格线上的竖梃。选中其中一段竖梃，单击"切换竖梃连接"图6-51中的符号可以切换竖梃之间的打断关系。布置好竖梃的幕墙三维模型如图6-52所示。

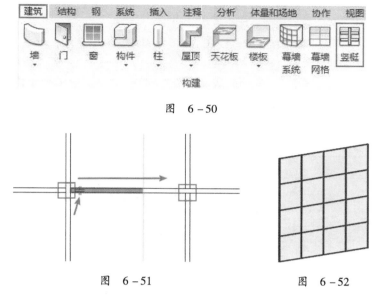

图 6-50

图 6-51   图 6-52

4）使用族库中的"门窗嵌板"还可以将划分好的幕墙玻璃替换成幕墙门窗，通过"插入"→"载入族"的方式在族库中依次浏览"建筑-幕墙-门窗嵌板"文件夹，分别选择"窗嵌板_双扇推拉无框铝窗"和"门嵌板_四扇推拉无框铝门"载入到项目中。

5）删除原有竖梃，选择幕墙网格，使用"添加/删除线段"命令，调整网格布局，单击不需要的网格线段，按〈Enter〉键确认，处理完后添加所有竖梃，结果如图6-53所示。

6）使用〈Tab〉键选中其中一块嵌板，在"类型选择器"中将其替换为"门嵌板_四扇推拉无框铝门"，如图6-54所示。

7）用同样的方式另选一块嵌板将其替换为"窗嵌板_双扇推拉无框铝窗"窗嵌板，如图6-55所示。

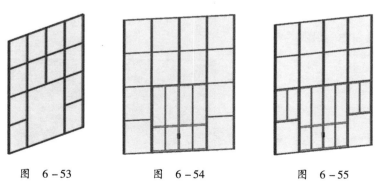

图 6-53   图 6-54   图 6-55

 注意：需要将"详细程度"调整为"精细"才可观察到"把手"构件。

3.2 编辑幕墙

除了手动绘制幕墙网格之外,也可以通过修改幕墙类型参数的方式来直接修改幕墙网格。手动添加的幕墙网格可以直接删除。选中幕墙网格,修改临时尺寸标注可以改变幕墙网格的位置,如果幕墙网格本身是锁定的,即使修改临时尺寸标注,幕墙网格的位置也不会改变,只有解锁以后修改临时尺寸标注,幕墙网格的位置才会发生变化。

1)在"标高1"楼层平面重新绘制一段长10000的幕墙,选中幕墙,单击"类型属性"面板内"类型",单击"复制"命令,将新的幕墙类型命名为"幕墙2"。在"垂直网格"面板"布局"下拉列表中选择"固定距离",间距默认设置为"1500",如图6-56所示,单击"确定",此时幕墙三维模型如图6-57所示。

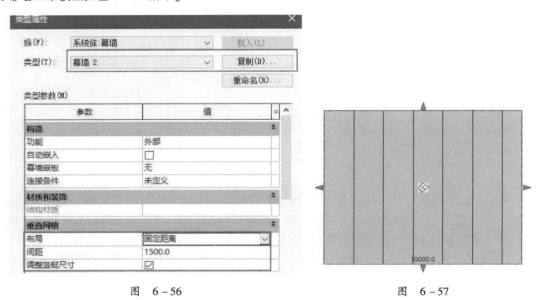

图 6-56   图 6-57

注意:绘制幕墙是从左向右绘制的,左侧为起点,右侧为终点,"幕墙2"是按照固定距离从左向右排列的,所以不满足1500的网格会安排在终点的位置。

2)选中"幕墙2",在"类型属性"面板将"垂直网格"的"角度"设置为"30°",网格会向逆时针方向旋转30°,如图6-58所示。

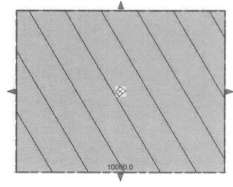

图 6-58

3）选中"幕墙2"，使用"复制"工具，继续复制一个幕墙。打开"类型属性"对话框，复制一个新的类型，命名为"幕墙3"。将"垂直网格"的"布局"方式改为"固定数量"，单击"确定"。在"类型属性"面板将"垂直网格"的"编号"改为"6"，偏移量设为"0"，如图6-59所示。

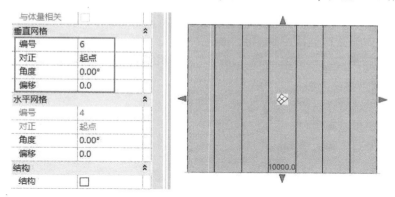

图　6-59

4）水平网格的设置方法与垂直网格的设置方法相同。

5）选中"幕墙2"，单击"属性"面板内"编辑类型"，在"垂直竖梃"面板下每种不同竖梃的类型的下拉列表中选择需要的形状，单击"确定"完成设置，竖梃在幕墙模型上所对应的位置如图6-60所示。

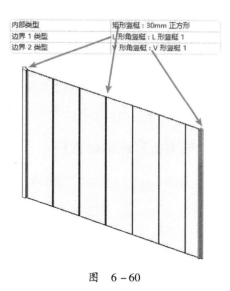

图　6-60

第4节　课后练习

4.1　理论考试练习

1. 在绘制墙体时，（　　）可切换内外墙方向。

    A. 按一下〈Alt〉键 　　　　　　　　　　B. 按一下〈Space〉键

C. 按一下〈Shift〉键　　　　　　　　　D. 按一下〈Ctrl〉键

2. 墙体功能层有（　　　）。

A. 结构［1］、保温层/空气层［3］、面层1［4］、涂膜层

B. 结构［1］、衬底［2］、保温层/空气层［3］、涂膜层

C. 结构［1］、衬底［2］、面层1［4］、面层2［5］、涂膜层

D. 结构［1］、衬底［2］、保温层/空气层［3］、面层1［4］、涂膜层、面层2［5］

3. 下列关于墙体说法正确的是（　　　）。

A. 墙体的任何功能层厚度都不能是零

B. 墙体的样本高度是固定的

C. 非涂膜层的厚度不能大于4mm

D. 以上都不正确

4. 墙连接的方式是（　　　）。

A. 平接、方接、搭接　　　　　　　　　B. 平接、斜接、方接

C. 平接、斜接、搭接　　　　　　　　　D. 斜接、方接、拼接

5. Revit 软件中默认幕墙类型有（　　　）。

A. 幕墙、店面、玻璃斜窗

B. 幕墙、外部玻璃、店面

C. 幕墙、外部玻璃、玻璃幕墙

D. 外部玻璃、店面、玻璃斜窗

6. 下列关于内嵌幕墙说法正确的是（　　　）。

A. 幕墙不可以嵌入到其他墙中　　　　　B. 调整主体墙时会调整内嵌墙的尺寸

C. 如果旋转主体墙，内嵌墙不会移动　　D. 以上都不正确

4.2　实操考试练习：　创建与编辑景观墙体模型

根据图纸所给尺寸（图6-61～图6-63），绘制景观墙体模型。

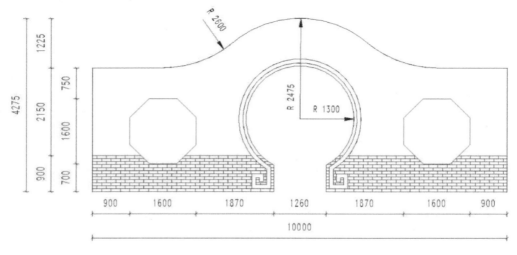

图 6-61　南立面图

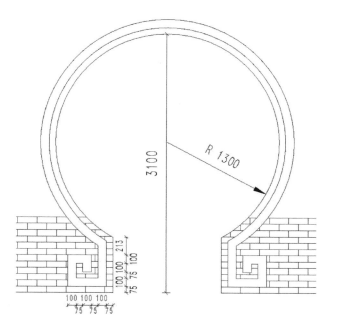

图 6-62　门洞详图

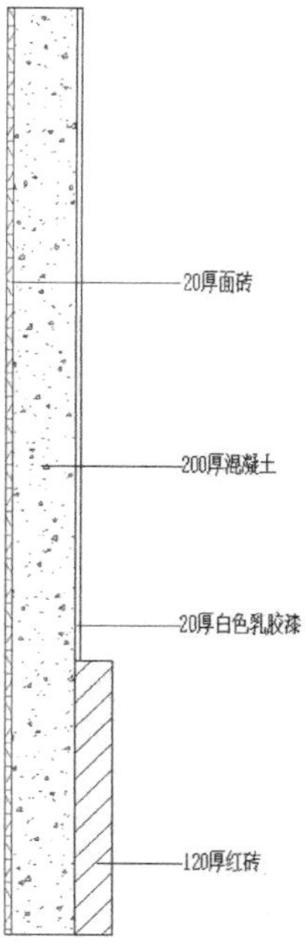

图 6-63　剖面图

（右侧标注，自上而下）

20厚面砖

200厚混凝土

20厚白色乳胶漆

120厚红砖

1）使用"建筑模板"新建项目文件，选择"标高1"楼层平面，单击"建筑"选项卡下"构建"面板"墙"下拉列表"墙：建筑"命令，进入"修改｜放置墙"绘制界面。在状态栏中修改墙高度约束为"3050"（图6-64），在绘制区域水平方向绘制一段长10000的墙体。

图　6-64

2）切换至"南"立面图，双击墙体进入"修改｜编辑轮廓"界面，选中轮廓线，将上下两条轮廓线的锁定解除，如图6-65所示。

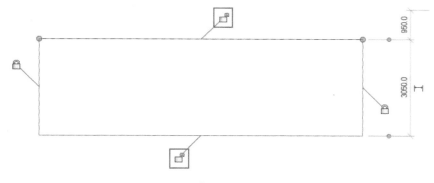

图　6-65

3）在墙体上绘制4个方便定位的参照平面，如图6-66所示。

4）单击"修改｜编辑轮廓"上下文选项卡内绘制面板中的"外接多边形"，修改状态栏"边"选项为"8"，选择之前确定的八边形中心，绘制内接圆半径为800的八边形，如图6-67所示。

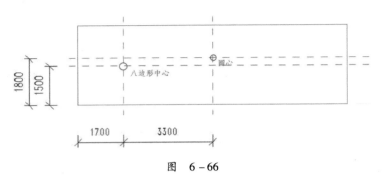

图 6-66

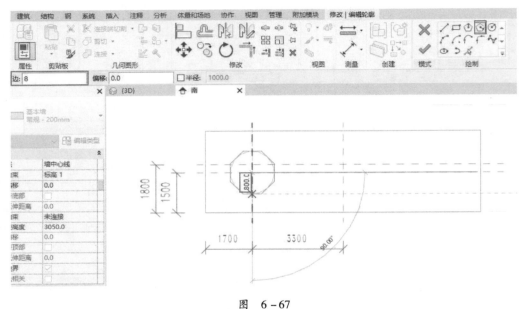

图 6-67

5) 通过"圆形""圆心-端点弧""直线"等绘制方法将墙体轮廓绘制成图6-68所示的图形。

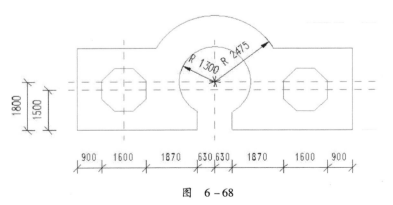

图 6-68

6) 单击"修改丨编辑轮廓"上下文选项卡中"圆角弧",先单击需要修改的弧线,再单击需要修改的直线,拖拽鼠标至需要修改的方向,单击左键,修改需要的半径数据,如图6-69所示。

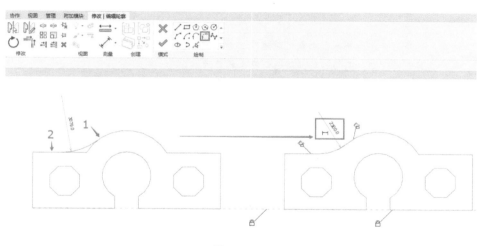

图　6-69

7）将墙体绘制完毕后单击"√"，完成创建，如图6-70所示。

8）切换至三维视图，选中墙体，在"属性"面板内的"类型选择器"中选择"叠层墙"类别下"外部-砌块勒脚砖墙"，如图6-71所示。

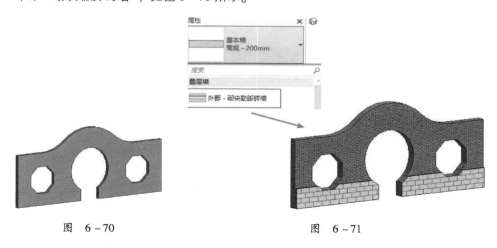

图　6-70　　　　　　　　　　　　　图　6-71

9）单击"属性"面板的"编辑类型"，单击"复制"，将新类型命名为"叠层墙1"，单击"确定"完成创建。配合〈Tab〉键，选择叠层墙上部墙体，单击"编辑类型"，单击"结构面板"后"编辑……"，进入"编辑部件"界面，修改"层"面板数据如图6-72所示，单击2次"确定"，完成上部墙体创建。

层

	功能	材质	厚度	包络	结构材质
		外部边			
1	面层1 [4]	砌体-普通砖	20.0	☑	☐
2	核心边界	包络上层	0.0		
3	结构 [1]	混凝土, C25	200.0	☐	☑
4	核心边界	包络下层	0.0		
5	面层2 [5]	白色乳胶漆	20.0	☑	☐

图　6-72

> **注意**：材质浏览器内并无"白色乳胶漆"类别，可根据类似类别通过"复制""重命名"的方式对类别进行设定，进而达到满足题干要求的目的。

10）按照步骤9）修改上部墙体的步骤来修改叠层墙下部墙体结构，如图6-73所示。

层		外部边			
	功能	材质	厚度	包络	结构材质
1	面层 1 [4]	砌体-普通砖 7	20.0	☑	☐
2	核心边界	包络上层	0.0		
3	结构 [1]	混凝土，C25/	200.0	☐	☑
4	核心边界	包络下层	0.0		
5	面层 2 [5]	砌体-普通砖 7	120.0	☑	☐

图 6-73

11）切换至"北"立面视图，单击"建筑"选项卡下"构建"面板"构件"下拉列表"内建模型"命令，在"族类别和族参数"对话框中选择"常规模型"，单击"确定"，如图6-74所示。再次单击"确定"，进入内建族编辑界面。

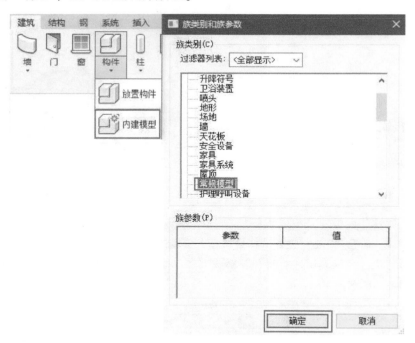

图 6-74

12）单击"创建"选项卡下"空心形状"下拉列表"空心拉伸"命令，如图6-75所示，进入创建空心拉伸界面。

13）在"修改 | 创建空心拉伸"上下文选项卡中，用"直线""圆形"的绘制方法配合定位的参考平面绘制出题干要求的门洞花纹（图6-76）。点击"√"，完成创建。

图　6-75

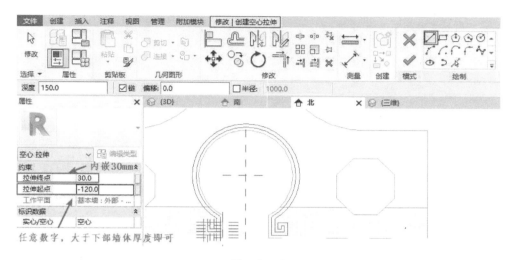

图　6-76

14）单击"修改|空心 拉伸"上下文选项卡中"几何图形"面板中的"剪切"命令，先单击创建好的花纹，再单击上部墙体，完成对上部墙体的剪切，如图6-77所示。再单击一次花纹，最后单击一次下部墙体，完成对整个墙体的剪切。单击"修改"选项卡的"√"，完成模型。

15）切换至三维视图，创建完毕的模型如图6-78所示。

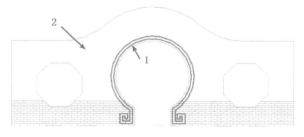

图　6-77

图　6-78

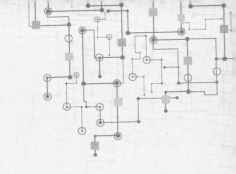

第 **7** 章　门窗

技能要求：

- 掌握门、窗的放置方式与编辑
- 掌握特殊类型窗的放置方法

第1节　布置与编辑门

在 Revit 软件中，通常门窗构件都是要基于主体（墙）进行放置的，因此在创建门和窗前，首先需要在项目中绘制好一段墙体作为门窗的主体。

1.1　布置门

使用"建筑样板"新建项目，首先绘制一道墙体，然后单击"建筑"选项卡下"构建"面板内的"门"命令，如图 7－1 所示。将鼠标指针悬停在墙体上，将出现临时尺寸标注，移动鼠标指针可调整放置位置，单击鼠标左键进行放置。放置后还可以通过选择门修改其临时尺寸标注进行精确定位，如图 7－2 所示。

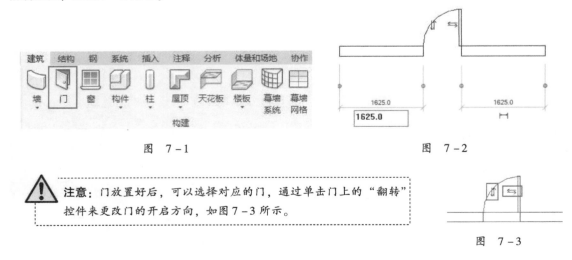

图　7－1　　　　　　　　　　　　　　　　图　7－2

⚠️ **注意：** 门放置好后，可以选择对应的门，通过单击门上的"翻转"控件来更改门的开启方向，如图 7－3 所示。

图　7－3

1.2　编辑门

门布置完成之后，可以通过修改相应参数对门的尺寸及位置进一步调整以满足实际项目要求，下面具体介绍门的编辑方法。

1. 门的实例参数

选择门，在"属性"面板中可以通过改变"约束"分组中的"标高"来定位放置门的标高，修改"底高度"可以更改门底边至相应标高的距离，正值为向上偏移，负值为向下偏移，如图7-4所示。

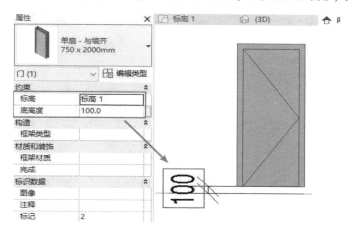

图 7-4

2. 门的类型参数

选择门，单击"属性"面板中的"编辑类型"命令，在"类型属性"对话框中，修改"尺寸标注"分组中的"高度""宽度"数据可以更改门的尺寸，"厚度"数据可以更改门板的厚度，各尺寸标注反映在门上位置如图7-5所示。

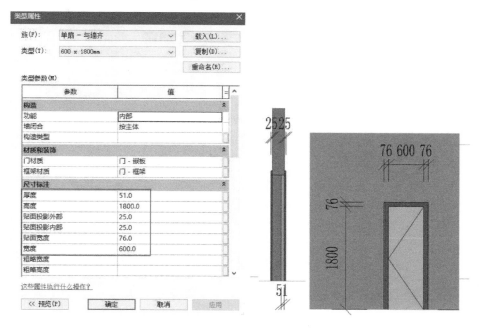

图 7-5

3. 载入族

Revit项目样板中自带的门族种类较少，无法满足实际项目的建模需求，通常从族库中载入族或自行创建以满足相应的建模需求。

　　单击"建筑"选项卡下"构建"面板中的"门"命令，在"修改 | 放置 门"上下文选项卡中单击"载入族"命令，如图7-6所示，进入"载入族"对话框，该对话框内就是系统自带的族库。在"建筑 - 门"文件夹内选择需要的门族载入到项目中进行放置。

　　注意：通过这种方式无法载入除门以外其他类别的构件，载入时会弹出"无法载入族文件"对话框（图7-7），是因为当前在"修改 | 放置 门"上下文选项卡中，只能载入门类别。如果想要载入其他构件，从"插入"选项卡选择"载入族"命令，可以载入任意类别的族，如图7-8所示。

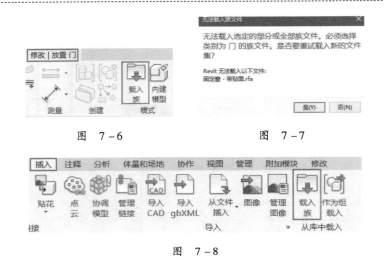

图　7-6　　　　　　　　　　　　图　7-7

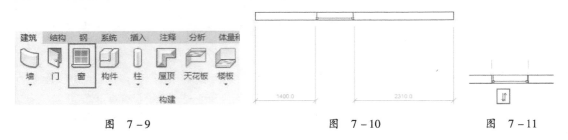

图　7-8

第2节　布置与编辑窗

2.1　布置窗

　　使用"建筑样板"新建项目，首先绘制一道墙体，然后单击"建筑"选项卡下"构建"面板中的"窗"命令，如图7-9所示。窗和门的放置方式是一样的，如图7-10所示。窗放置好后，同样可以通过单击"翻转"控件来更改窗的方向，如图7-11所示。

图　7-9　　　　　　　　　图　7-10　　　　　　图　7-11

2.2　编辑窗

1.窗的实例参数

　　选中窗，在"属性"面板中可以通过改变"标高"来定位放置窗的标高，修改"底高度"可以更改窗底边至平面的距离，如图 7 – 12 所示。

2. 窗的类型参数

与门的操作相同，打开"类型属性"对话框后，可以在"材质和装饰"面板更改窗各部分的材质。"尺寸标注"面板可通过修改"高度""宽度"的数据来修改窗的尺寸，如图 7 – 13 所示。

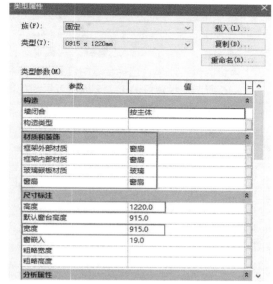

图 7 – 12   图 7 – 13

 注意："默认窗台高度"仅控制窗在平面中放置时的初始底高度，无法调整已经放置好的窗体底高度。

与门类似，Revit 项目样板中自带的窗族种类较少，无法满足实际项目的建模需求，通常需要从族库中载入族或自行创建以满足相应的建模需求。

第3节 课后练习

3.1 理论考试练习

1. 在墙上放置门，当墙体旋转后，门会（   ）。
    A. 跟随墙体旋转   B. 消失   C. 留在原地   D. 在原地旋转与墙分开

2. 下列关于门、窗说法不正确的是（   ）。
    A. 在平面视图中放置门时，按〈空格〉键可将开门方向从左开翻转为右开
    B. 预览图像位于墙上所需位置时，单击以放置窗
    C. 放置的门、窗标记不可以被删除
    D. 放置门、窗时，Revit 软件可以剪切洞口并放置门、窗

3. 下列门、窗说法正确的是（   ）。
    A. 系统默认门、窗可以放置在幕墙上   B. 可以使用"阵列"命令放置门窗
    C. 门窗不可使用"镜像"命令生成   D. 以上答案均正确

3.2 实操考试练习1：布置天窗

天窗是一种比较特殊的窗体，需要基于屋顶进行放置。打开配套文件 "第7章门窗" 文件夹中的 "放置天窗" 案例模型，如图7-14所示。由于屋顶表面带有坡度，在平面或者立面视图中不易观察，因此在三维视图中进行操作比较直观。

单击 "插入" 选项卡选择 "载入族" 命令，找到 "建筑—窗—普通窗—天窗" 文件夹中的 "天窗" 族，单击 "打开" 载入到项目中，如图7-15所示。在 "建筑" 选项卡下选择 "窗" 命令，放置载入的天窗。鼠标指针移动到屋顶平面上将显示出天窗的预览效果，选择合适的位置单击鼠标左键将天窗放置到屋顶上，如图7-16所示。放置好的天窗可以进入平面视图再次调节其精确位置。

图 7-14

图 7-15

 注意： 天窗是拾取 "屋顶" 构件作为主体的，无法放置在墙上。

3.3 实操考试练习2： 布置转角窗

与放置天窗操作相同，从系统族库中选择 "建筑—窗—普通窗—凸窗" 文件夹中的 "转角凸窗—双层两列—直角" 窗，放置在墙体拐角处，如图7-17所示。

 注意： 在放置转角窗时，可以在平面视图中使用 "对齐" 命令辅助对齐墙面，让墙面保证被窗洞口剪切，如图7-18所示。

图 7-16

图 7-17

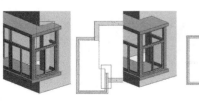

图 7-18

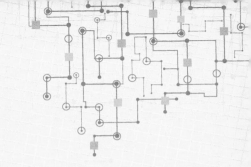

第 8 章 楼板

知识要求：

- 掌握平楼板与带坡度楼板的创建与编辑
- 掌握楼板边的创建与编辑
- 能够对卫生间楼板进行开洞及找坡

第1节 创建楼板

1.1 绘制楼板

使用"建筑样板"新建项目，切换至"标高1"楼层平面。单击"建筑"选项卡下"构建"面板中的"楼板"下拉列表内的"楼板：建筑"命令，如图 8－1 所示。进入绘制楼板边界界面，"边界线"可以绘制楼板边界，"坡度箭头"可以定义楼板倾斜坡度，如图 8－2 所示。

图 8－1

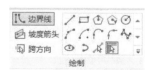

图 8－2

 注意：创建楼板时楼板将从所在的标高向下生成楼板，在"属性"面板中"自标高的高度偏移"是从楼板的上表面开始计算的。默认状态下，在"标高1"楼层平面中绘制楼板，在立面视图中显示如图 8－3 所示。

±0.000 标高1

图 8－3

1.2 坡度箭头

进入"标高1"楼层平面中，绘制4个参照平面，垂直距离为2000，水平距离为4000。选择"常规－150mm"楼板，沿参照平面围合的矩形框绘制楼板。单击"坡度箭头"命令，如图 8－4 所示从左向右进行绘制，在"属性"面板上把"尾高度偏移"设置为"600"，单击

"√"完成创建。进入"南"立面视图，可以看见楼板发生了偏移，是从坡度箭头的起始位置向坡度箭头的终点偏移，如图 8-5 所示。

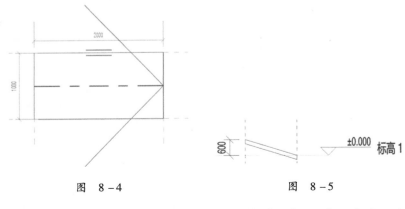

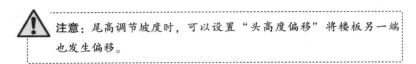

图　8-4　　　　　　　　图　8-5

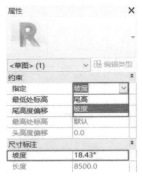

图　8-6

如图 8-6 所示，尾高是调节坡度的默认方式，也可下拉"指定"命令列表，将"尾高"改为"坡度"，通过修改坡度数值调节坡度。

> ⚠️ **注意**：尾高调节坡度时，可以设置"头高度偏移"将楼板另一端也发生偏移。

1.3　楼板边

绘制楼板完成后，进入三维视图，单击"楼板：楼板边"命令，选择一条楼板边界线，"楼板边"沿此边界线生成。

选择创建完成的楼板边，单击"翻转控制柄"，修改楼板边的放置方向，如图 8-7 所示。

在"属性"面板中通过调整楼板边缘轮廓的水平和垂直偏移量，移动楼板边位置；也可调整楼板边缘的角度，使楼板边沿放置边旋转，如图8-8所示。例如将"角度"改为30°，楼板边会进行一个30°的旋转，如图8-9所示。在"类型属性"对话框中，可以修改楼板边缘的轮廓样式，也可为楼板边缘添加材质，如图 8-10 所示。

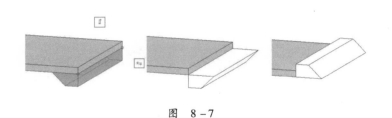

图　8-7　　　　　　　　　　　　　　　图　8-8

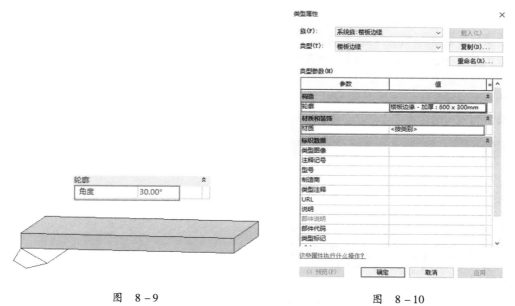

图 8-9   图 8-10

⚠ **注意**：此小节中案例图片所显示模型均已添加材质，读者可自行添加材质查看显示样式。

第2节 修改楼板

2.1 编辑楼板

　　选中楼板，单击"属性"面板的"编辑类型"。楼板的属性设置与墙的属性设置基本相同，单击"结构"后的"编辑"命令（图8-11），进入"编辑部件"对话框编辑楼板结构（图8-12），单击"确定"完成楼板编辑。

图 8-11

图 8-12

在编辑楼板结构时，选择任意层勾选"可变"，如图 8－13 所示，则在对楼板进行建筑找坡的时候厚度会根据坡度而变化，未勾选的面层则保持设定值。

楼板结构创建完成后，在三维视图中无法查看到楼板分层，可通过将楼板创建成为零件查看。选择创建的楼板，单击"修改｜楼板"选项卡"创建"面板中"零件"命令，这样就可以看到楼板的分层情况，如图 8－14 所示。同样也可通过创建零件方式看到墙体分层情况。

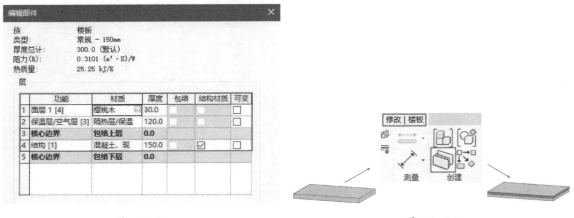

图　8－13　　　　　　　　　　　　　　　图　8－14

2.2　附着/分离　（墙/柱）

打开配套文件"第 8 章 楼板"文件夹中的"楼板"案例模型，进入"南"立面视图，选中墙体，单击"修改｜墙"选项卡下"修改｜墙"面板中的"附着顶部/底部"命令，在选项栏中选择"附着墙：底部"，如图 8－15 所示，单击楼板，墙体底部自动附着至楼板，如图 8－16 所示。

图　8－15

若需要分离已附着的墙与楼板时，选中已附着的墙体单击"分离顶部/底部"命令，单击楼板即可分离。

柱的附着与分离与墙的操作相同，不赘述，完成结果如图 8－17 所示。

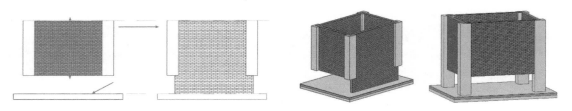

图　8－16　　　　　　　　　　　　　　　图　8－17

第 3 节　课后练习

3.1　理论考试练习

1. 创建楼板时，使用"拾取墙"命令楼板默认拾取墙（　　）。
   A. 墙中心线　　　　B. 核心层中心线　　　C. 核心层内、外部　　　D. 面层内、外部

2. 下列关于楼板说法正确的是（　　）。
   A. 创建楼板之后，不可以更改其轮廓来修改其边界
   B. 创建楼板边缘不可以选取楼板的水平边缘来创建
   C. 创建斜楼板，不可以使用"坡度箭头"命令
   D. 以上答案均不正确

3.2　实操考试练习：　卫生间楼板开洞找坡

　　图 8-18 是一个卫生间三维图，打开配套文件"第 8 章楼板"文件夹中的"卫生间楼板"案例模型文件，在楼板合适位置放置地漏，进行建筑找坡，并对楼板进行坡度标注。

案例解析

　　1）根据题目打开案例文件，选择文件中楼板，编辑楼板形状，创建地面找坡。

　　2）使用洞口面板中的"按面"命令，在楼板表面创建地漏洞口。

　　3）使用"高程点坡度"对楼板进行标注。

　　4）将编辑完成的文件保存。

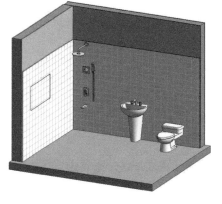

图　8-18

操作步骤

　　1）进入"标高 1"楼层平面，选中楼板，单击"修改|楼板"选项卡"形状编辑"面板中的"添加点"命令，如图 8-19 所示。

　　2）在选项栏"高程"编辑框内输入"-5"，如图 8-20 所示，在预备开地漏洞口的部分放置一个"点"，完成地面找坡，如图 8-21 所示。

图　8-19

图　8-20

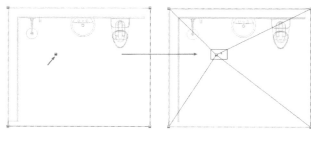

图　8-21

　　3）单击"建筑"选项卡"洞口"面板中"按面"命令（图 8-22），单击楼板表面，进入

"修改｜创建洞口边界"上下文选项卡，在"绘制"面板选择"圆形"的绘制方式，以楼板最低点为圆心绘制一个半径为"50mm"的地漏洞口，如图 8 – 23 所示。

4）选择楼板，打开"类型属性"对话框，单击"编辑"命令，在"编辑部件"对话框中，勾选"层"面板"结构［1］"材质为水磨石的面层"可变"选项，如图 8 – 24 所示，单击"确定"。

图 8 – 22

5）单击"注释"选项卡下"尺寸标注"面板中的"高程点坡度"命令，如图 8 – 25 所示。

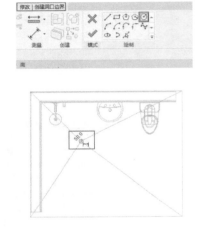

层

	功能	材质	厚度	包络	结构材质	可变
1	结构 [1]	水磨石	20.0	☐	☐	☑
2	核心边界	包络上层	0.0			
3	结构 [1]	<按类别>	150.0	☐	☑	☐
4	核心边界	包络下层	0.0			

图 8 – 24

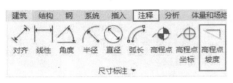

图 8 – 25

图 8 – 23

打开"类型属性"对话框，单击"单位格式"的"值"，在弹出的"格式"对话框中设置单位格式，如图 8 – 26 所示，单击"确定"完成格式设置。在平面图上放置标注坡度的尺寸标注，如图 8 – 27 所示。

6）楼板编辑完成后，模型如图 8 – 28 所示。

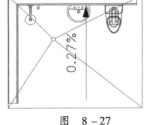

图 8 – 27

图 8 – 26

图 8 – 28

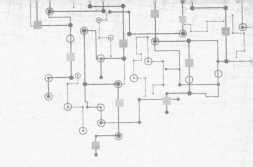

第 **9** 章　天花板

技能要求：

- 掌握天花板的两种创建方式
- 掌握天花板的编辑修改
- 能够合理选择命令制作天花板节点模型

第 1 节　绘制天花板

1.1　自动创建天花板

打开配套文件"第 9 章 天花板"文件夹中的"自动创建天花板"案例模型，进入"标高 1"天花板平面，单击"建筑"选项卡，单击"构建"面板中的"天花板"命令，在"属性"面板中输入天花板高度，如图 9 – 1 所示，鼠标指针移至创建天花板区域，单击鼠标左键创建天花板，如图 9 – 2 所示。

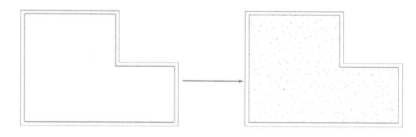

图　9 – 1　　　　　　　　　　　　　　　图　9 – 2

 注意：

1）使用"自动创建天花板"命令创建天花板时，只在墙体构成闭合的环内才可生成，且忽略房间分隔线。

2）天花板在楼层平面也可创建，在楼层平面放置天花板时，天花板的立面高度是基于当前平面所在的标高进行偏移。若放置的天花板高度高于视图范围的剖切面高度，则创建天花板时会弹出警告，如图 9 – 3 所示，且绘图区观察不到天花板。此时切换到对应的天花板平面视图即可观察到创建的天花板模型，如图 9 – 4 所示。

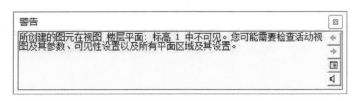

图 9－3

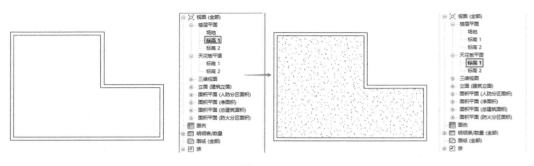

图 9－4

1.2 手动创建天花板

除了自动创建天花板外，Revit 中也可以手动创建天花板，单击"构建"面板中的"天花板"命令后，单击"绘制天花板"命令进入"修改｜创建天花板边界"选项卡，如图 9－5 所示。

进入"修改｜创建天花板边界"选项卡，在绘制面板上使用"边界线"绘制天花板边界，如图 9－6 所示，单击"√"完成天花板的创建。

图 9－5   图 9－6

第2节 编辑天花板

2.1 绘制坡度箭头

打开配套文件"第 9 章 天花板"文件夹中的"坡度箭头"案例模型文件，进入"天花板平面视图"中的"标高 2"视图。天花板"坡度箭头"的创建方式与楼板相同，可参考楼板"坡度箭头"的创建,同样可在"属性"面板中设置坡度箭头的属性,如图9-7所示,单击"√"完成斜天花板的创建,如图9-8所示。

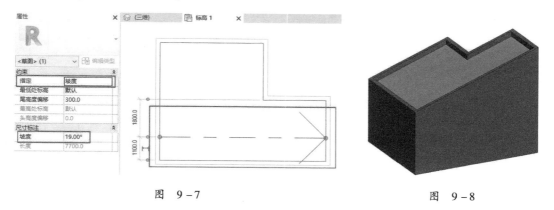

<table>
<tr><td>图 9-7</td><td>图 9-8</td></tr>
</table>

 注意: 在绘制天花板、楼板图元时只能创建一个坡度箭头。

2.2 创建洞口

选择创建完成的天花板,单击"修改│天花板"选项卡"模式"面板中"编辑边界"命令,在绘制面板上使用"边界线"在天花板轮廓上绘制一闭合轮廓,单击"√",即可在天花板上创建一个洞口,如图9-9所示。

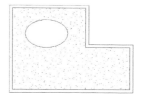

图 9-9

2.3 天花板参数设置

天花板包含基本天花板和复合天花板两种类型,选择天花板,在"属性"面板中的"类型选择器"中可切换天花板类型,进入"类型属性"对话框。"基本天花板"不可编辑结构层,且在剖面中是以一条线来表现的,但基本天花板是含有一个材质参数的(图9-10),在平面视图和三维视图中可以显示表面填充图案。复合天花板可通过设置层来表现材质,在剖面视图中可以显示材质的内容(图9-11)。

选择"复合天花板"后,进入"类型属性"对话框中,单击"编辑"命令(图9-11),打开天花板"编辑部件"对话框(图9-12),可以设置相关参数。

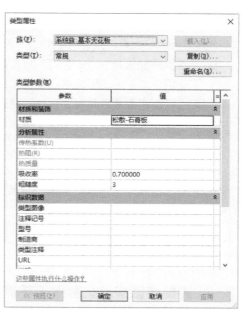

图 9-10

図　9－11　　　　　　　　　　　　　図　9－12

基本天花板和复合天花板都可以作为主体，同时在计算房间体积时天花板也作为房间边界的图元，在使用环境分析软件时这一点非常重要。

第 3 节　课后练习

3.1　理论考试练习

1. 下列关于天花板说法正确的是（　　）。

　A. 天花板只能创建水平的，不可以创建斜天花板

　B. 天花板只能在天花板投影平面视图中创建

　C. 天花板创建方式有两种，自动创建天花板和绘制天花板

　D. 系统默认天花板有两种类型，基本天花板和复合天花板，两种类型均由已定义各层材料厚度的图层构成

2. 下列可以在天花板上创建一个洞口的方式是（　　）。

　A. 删除已创建的天花板，重新绘制天花板，使用坡度功能

　B. 选择天花板，编辑天花板边界，在开洞的位置绘制另一给闭合轮廓

　C. 选择天花板，勾选"开口"参数，输入洞口尺寸

　D. 以上都可以

3.2　实操考试练习：制作天花板节点模型

　根据图 9－13 所示，使用配套文件"第 9 章 天花板"文件夹中的"案例实操：制作天花板节

点模型"文件夹内的构件组装天花板节点模型,文件夹内已提供的构件包括挂件,吊杆,主龙轮廓、副龙轮廓。

图 9-13

案例解析

1)根据题目新建项目,将所需构件载入至项目中。

2)根据提供的图纸创建楼板,放置所需构件。

3)将编辑完成的文件保存。

操作步骤

1)使用"建筑样板"新建项目,单击"插入"选项卡"从库中载入"面板中的"载入族"命令将提供的所有构件族载入至项目中。

2)进入"标高2"楼层平面,创建 8600×6100×150 的楼板,如图 9-14 所示。

3)进入"标高1"天花板平面,创建与楼板尺寸相同的"复合天花板",并设置其实例属性和类型属性如图 9-15所示。

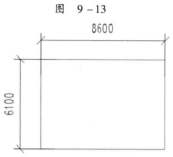

图 9-14

属性

复合天花板
无装饰

天花板 (1)　编辑类型

约束
标高　标高 1
自标高的高度偏移　2600.0
房间边界　☑

尺寸标注
坡度
周长
面积
体积

标识数据
图像
注释
标记

类型属性

族(F):　系统族:复合天花板　载入(L)...
类型(T):　无装饰　复制(D)...
　　重命名(R)...

类型参数(M)

参数	值	=
构造		
结构	编辑...	
厚度	50.0	
图形		
粗略比例填充样式		
粗略比例填充颜色	■黑色	
分析属性		
传热系数(U)		
热阻(R)		
热质量		
吸收率	0.700000	
粗糙度	3	
标识数据		
类型图像		
注释记号		

这些属性执行什么操作?

<<预览(P)　　确定　　取消　　应用

图 9-15

方便后期查看模型,可将创建完成的楼板设置为透明的,选择创建完成的楼板,单击鼠标右键,在调出的列表中单击"替换视图中的图形"命令右三角中"按图元"命令,在弹出的"视图专有图形图元"对话框中更改透明度,将透明度由"0"更改为"70",如图 9-16 所示。

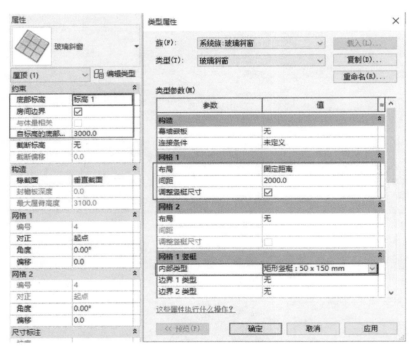

图 9-16

4）进入"标高 1"楼层平面，单击"屋顶"命令创建与楼板尺寸相同的坡度为 0°的玻璃斜窗，高度设置为"3000"，进入"类型属性"对话框，设置如图 9-17 所示的玻璃斜窗类型参数。

图 9-17

5）点击"确定"完成玻璃斜窗属性设置，选中所有已生成的矩形竖梃，将其解锁，选择添加生成的"矩形竖梃"，进入"类型属性"对话框，复制一个新类型并命名为"副龙"，将其轮廓替换为之前载入的"副龙轮廓"。根据题中样式将"副龙"布置完成，如图 9-18 所示。

6）重复上述操作，在高度 3100mm 位置创建玻璃斜窗，且其类型参数设置如 9-19 所示，将题中所有主龙骨创建完成，如图 9-20 所示。

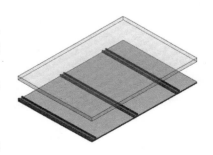

图 9-18

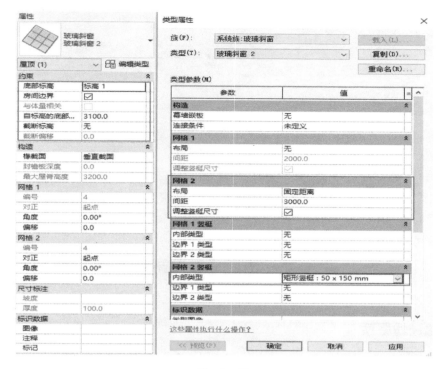

图 9-19

7）根据"主龙""副龙"的位置将"挂件""吊杆"放置到项目中，利用"对齐"命令进行快速定位，完成天花板吊顶大样模型的创建，如图9-21所示。

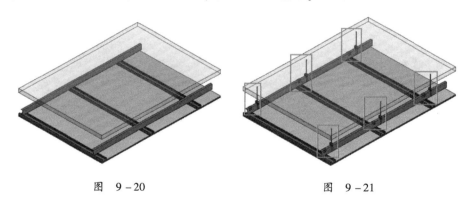

图 9-20　　　　　　　　　　　　　图 9-21

⚠️ **注意**：利用玻璃斜窗特有的性质，结合竖梃轮廓可以快速、精确地布置"主龙""副龙"，为建模节省了大量的时间。

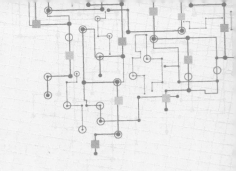

第**10**章　屋顶

技能要求：

- 掌握屋顶的创建及编辑
- 掌握屋檐底板、封檐板、檐槽创建并进行轮廓编辑
- 掌握玻璃斜窗创建并对网格进行设置
- 能够合理选择屋顶绘制方式完成实际项目

第1节　创建与编辑迹线屋顶

1.1　创建迹线屋顶

迹线屋顶是按照迹线来确定屋顶边界，从而形成屋顶。创建屋顶的过程中，可以给屋顶指定不同的坡度和悬挑。

使用"建筑样板"新建项目，进入"标高2"楼层平面，单击"建筑"选项卡下"构建"面板内"屋顶"下拉列表中的"迹线屋顶"，如图10-1所示。

 注意：当在"标高1"楼层平面视图中，单击"迹线屋顶"命令，会弹出"最低标高提示"对话框（图10-2），通常选择屋顶对应的标高绘制。

图 10-1

在"绘制"面板使用"边界线"绘制迹线屋顶边界，如图10-3所示，单击"内接多边形"命令，在选项栏中勾选"定义坡度"，多边形边数设置为"6"，如图10-4所示。

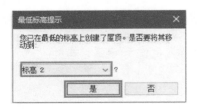

图　10-2

图　10-3

图　10-4

注意：绘制的迹线带有"直角三角形"标记时，代表这条边对应的屋顶有坡度。选择对应的边，可在"属性"面板中修改"坡度参数"，通过设置不同的参数值，绘制不同造型的屋顶，如图 10 – 5 所示。当坡度为"0"时，取消勾选选项栏中的"定义坡度"。

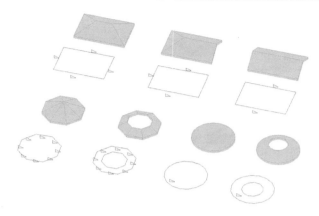

图　10 – 5

在绘制区域内绘制半径为 3000 的圆内接六边形，单击"修改｜创建迹线屋顶"选项卡"模式"面板中的"√"，完成屋顶的创建，如图 10 – 6 所示。

选择创建完成的屋顶，在"属性"面板中的"类型选择器"下拉列表中可以选择已有的屋顶类型，如图 10 – 7 所示。

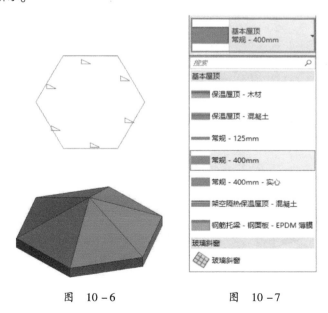

图　10 – 6　　　　　　　图　10 – 7

1.2 编辑迹线屋顶

绘制屋顶时，在"类型属性"对话框中单击"编辑"命令，在弹出的"编辑部件"对话框中设置屋顶的构造层（图 10 – 8），屋顶构造层的创建与墙体相同，可参考"第 6 章墙体第 1 节 1.2 编辑墙"进行设置。

图 10－8

1. 坡度箭头

如图 10－9 所示，利用"坡度箭头"可以为迹线屋顶定义坡度。

 注意："坡度箭头"与"定义坡度"都是创建屋顶迹线的命令，因此不能同时定义同一条屋顶边界线。

图 10－9

如图 10－10 所示，可利用"坡度箭头"创建迹线屋顶。在绘制边界线时，选择需要添加坡度箭头的边界线，使用"修改"面板上的"拆分图元"命令将下边的草图线拆分为 3 段，中间边界线添加坡度箭头并取消勾选"定义坡度"，如图 10－11 所示。

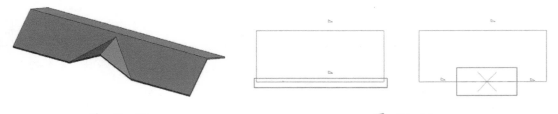

图 10－10   图 10－11

如发现绘制完成的屋顶与图 10－10 所示不符，可继续编辑屋顶，选择"坡度箭头"，在"属性"面板中修改"头高度偏移"数值来调节坡度箭头的坡度，也可参考"第 8 章第 1 节 1.2 坡度箭头"调整指定方式。

2. 编辑迹线

选择已绘制的迹线屋顶，可通过双击屋顶或单击"修改｜屋顶"选项卡"模式"面板中"编辑迹线"命令重新编辑屋顶边界。

3. 迹线屋顶的实例属性

图 10 – 12 为迹线屋顶的实例属性。

（1）截断标高

截断标高是指通过调整在屋顶上方的高度，对屋顶进行剖切，控制屋顶显示样式。可以利用"截断标高"与其他屋顶组合，形成不同造型的屋顶。

（2）椽截面

椽截面是指通过选择不同的椽截面形式，来改变屋顶边界的样式。

单击屋顶实例属性"构造"栏中"椽截面"下拉列表，可以选择"垂直截面""垂直双截面"和"正方形双截面"。在选择"垂直双截面"和"正方形双截面"的情况下，可以对"封檐板深度"进行调整。

（3）坡度

坡度是指屋顶的整体坡度，可以通过设定不同的值来修改屋顶的造型。

图　10 – 12

第 2 节　创建与编辑拉伸屋顶

2.1　创建拉伸屋顶

使用"建筑样板"新建项目，进入"标高 1"楼层平面，绘制两个垂直相交的参照平面，单击"建筑"选项卡下"构建"面板内"屋顶"下拉列表中的"拉伸屋顶"命令，如图 10 – 13 所示。

在弹出的"工作平面"对话框中，选择"拾取一个平面"，单击"确定"（图 10 – 14）。选择一个参照平面设置为"工作平面"，如图 10 – 15 所示。

图　10 – 13

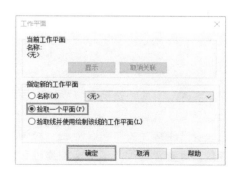

图　10 – 14

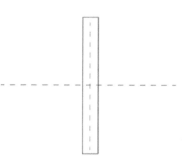

图　10 – 15

在弹出"转到视图"对话框中，选择"立面：东"，单击"打开视图"，如图 10-16 所示。进入到"东"立面，在弹出的"屋顶参照标高和偏移"对话框中，可以选择绘制拉伸屋顶的参照标高以及对其偏移量进行设置。设置完成后，单击"确定"，如图 10-17 所示。

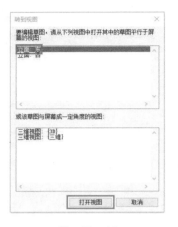

图 10-16　　　　　　　　　　　　图 10-17

选择"修改｜创建拉伸屋顶轮廓"选项卡下"绘制"面板中的"起点-终点-半径弧"，如图 10-18 所示，绘制半径为 10000，角度为 35°的弧线，如图 10-19 所示。

图 10-18　　　　　　　　　　　　图 10-19

 注意：绘制拉伸屋顶的轮廓不可以绘制封闭区域，否则会弹出警告，如图 10-20 所示。单击"√"完成拉伸屋顶的创建，切换到三维视图，绘制的屋顶如图 10-21 所示。

图 10-20　　　　　　　　　　　　图 10-21

2.2 编辑拉伸屋顶

选择已绘制的屋顶，可通过双击屋顶或单击"修改｜屋顶"选项卡"模式"面板中的"编辑轮廓"命令重新编辑屋顶边界，如图 10-22 所示。

选择绘制完成的拉伸屋顶，可在"属性"面板中修改其"拉伸起点"和"拉伸终点"来控制屋顶的大小，也可在"属性"面板中修改其他参数，可参考迹线屋顶的实例属性和类型属性进行修改，如图 10-23 所示。

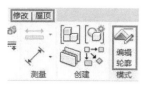

图 10－22   图 10－23

⚠ **注意：** 拉伸屋顶不可以通过修改其坡度来修改屋顶的造型。

第 3 节　屋檐工具

3.1　屋檐：底板

单击"建筑"选项卡下"构建"面板内"屋顶"下拉列表中的"屋檐：底板"命令，直接在绘制好屋顶的情况下利用"拾取屋顶边"命令，创建"屋檐：底板"，如图 10－24 所示。

图 10－24

单击拾取已经绘制好的屋顶边缘，系统会自动沿屋顶边界形成一个封闭的底板草图，根据屋檐底板的厚度，设置"属性"面板中"自标高的高度"的参数值，调整屋檐底板位置，使底板与屋顶不重叠，单击"√"完成屋顶底板的绘制，如图 10－25 所示。

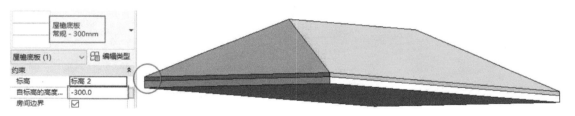

图 10－25

3.2　屋顶：封檐板

单击"建筑"选项卡下"构建"面板内"屋顶"下拉列表中的"屋顶：封檐板"命令，如图 10 – 26 所示。

依次单击已经绘制的屋顶边缘线，生成封檐板，如图 10 – 27 所示。

选择绘制完成的封檐板，在"属性"面板中，通过设置"垂直轮廓偏移"和"水平轮廓偏移"参数来调整封檐板的位置，如图 10 – 28 所示。

图　10 – 26

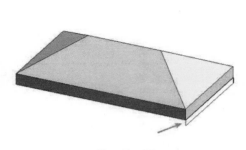

图　10 – 27

图　10 – 28

3.3　屋顶：檐槽

单击"建筑"选项卡下"构建"面板内"屋顶"下拉列表中的"屋顶：檐槽"命令，如图 10 – 29 所示。

依次单击已经绘制的屋顶边缘线，生成檐槽，如图 10 – 30 所示。

同"封檐板"一样通过设置"垂直轮廓偏移"和"水平轮廓偏移"参数来调整封檐板的位置。通过单击"翻转控制柄"修改檐槽的槽口方向，如图 10 – 31 所示。

图　10 – 29

图　10 – 30

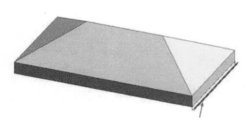

图　10 – 31

注意： 檐槽和封檐板都是由轮廓控制截面形状的，可选中构件后在类型属性中替换其他轮廓样式。

第 4 节 创建与编辑玻璃斜窗

4.1 创建玻璃斜窗

单击"建筑"选项卡下"构建"面板中的"屋顶"命令，在"属性"面板下拉"类型选择器"列表中选择"玻璃斜窗"，绘制屋顶迹线，完成玻璃斜窗创建，如图 10 - 32 所示。也可在创建"拉伸屋顶"选择"玻璃斜窗"。

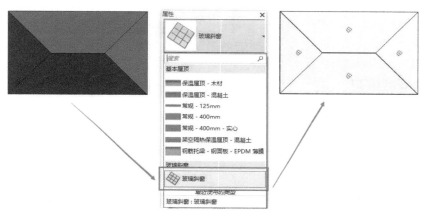

图 10 - 32

4.2 编辑玻璃斜窗

选择绘制完成的玻璃斜窗，在"属性"面板中单击"编辑类型"命令，在弹出的"类型属性"对话框中，设置玻璃斜窗的"构造、网格、竖梃"的参数，如图 10 - 33 所示。"玻璃斜窗"与"幕墙"参数设置相同，可参考"第 7 章第 3 节幕墙"。

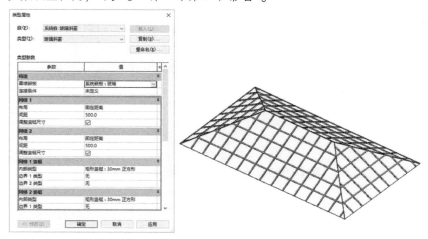

图 10 - 33

4.3　创建玻璃斜窗平屋顶

　　创建玻璃斜窗时，取消勾选选项栏中的"定义坡度"，在"类型属性"对话框中修改玻璃斜窗样式，单击"√"完成玻璃斜窗创建，如图 10 – 34 所示。

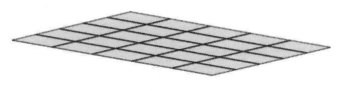

图　10 – 34

第 5 节　课后练习

5.1　理论考试练习

1. 下列关于创建屋顶说法不正确的是（　　　）。

　　A. 迹线屋顶、拉伸屋顶都可以在任何视图中创建

　　B. 拉伸屋顶可以在立面视图创建

　　C. 迹线屋顶可以在三维视图创建

　　D. 迹线屋顶可以在楼层平面视图创建

2. 下列关于屋顶说法不正确的是（　　　）。

　　A. 屋顶的坡度可以设置为 90°　　　　　　　B. 屋顶的坡度可以设置为 – 20°

　　C. 屋顶的坡度可以设置为 12.5°　　　　　　D. 屋顶的坡度可以设置为 45°

3. 创建屋顶时，可以通过指定悬挑值来创建（　　　）。

　　A. 屋檐　　　　　　　B. 檐槽　　　　　　　C. 老虎窗　　　　　　　D. 封檐板

4. 当墙体附着屋顶后，调整屋顶高度，墙体（　　　）。

　　A. 跟随屋顶变化　　　　　　　　　　　　　B. 保持不变

　　C. 自动删除　　　　　　　　　　　　　　　D. 不允许屋顶进行调整

5. 下列关于玻璃斜窗说法正确的是（　　　）。

　　A. 不可以使用迹线方法或拉伸方法创建玻璃斜窗

　　B. 玻璃斜窗具有一条或多条坡度定义线，并不能连接到幕墙和基本墙类型

　　C. 玻璃斜窗不可以添加幕墙网格

　　D. 以上答案均不正确

5.2　实操考试练习：创建与编辑八角亭屋顶模型

　　根据给定图纸（图 10 – 35 ~ 图 10 – 37）利用迹线屋顶命令绘制屋顶，题中未给定信息可自取合理值。

图 10 - 35　平面图

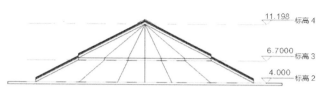

图 10 - 36　1 - 1 剖面图

案例解析

1）由题可知创建屋顶，新建项目文件。

2）根据 1 - 1 剖面图创建标高，在平面中确定屋顶中心。

3）由 1 - 1 剖面图可知屋顶从标高 2 开始，进入标高 2 楼层平面视图中，绘制坡度为 0°的①屋顶。

4）分别进入标高 3、4 楼层平面视图中，绘制坡度为 45°的其他屋顶。

5）绘制完成后将文件保存。

图 10 - 37　三维图

操作步骤

1）使用"建筑样板"新建项目，进入"南"立面，创建标高 2、标高 3、标高 4，进入"标高 2"楼层平面，绘制 2 个相互垂直的参照平面，确定屋顶中心。

2）在"建筑"选项卡下"构建"面板中，单击"屋顶"下拉命令列表中的"迹线屋顶"，如图 10 - 38 所示。

3）在"属性"面板的"类型选择器"中选择"基本屋顶：保温屋顶 - 木材"，将构造层中面层材质改为"木质屋盖板"。单击"修改｜创建屋顶迹线"选项卡下"绘制"面板中的"内接多边形"（图 10 - 39），在对应选项栏勾选"定义坡度"，边数输入为 8，如图 10 - 40 所示。

图　10 - 38　　　　　　　　　　图　10 - 39

图　10 - 40

4）以参照平面交点为中心，绘制半径为 13000 的圆内接八边形，以同一个点为中心，绘制半径为 7846 的圆外接八边形，完成第二个八边形的绘制，如图 10-41 所示。依次将相邻的内接多边形的角和外接多边形的角相连，如图 10-42 所示，单击"√"完成绘制。

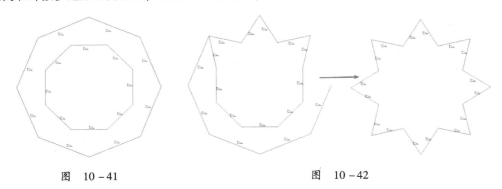

图 10-41 图 10-42

5）选择绘制完成的屋顶，在"属性"面板中设置"截断标高"为"标高 2"，"截断偏移"输入"2700"，"坡度"值改为"45°"，如图 10-43 所示。

6）重复上述操作创建屋顶③，创建屋顶③边界时可通过"绘制"面板中"拾取线"命令，拾取屋顶②的顶部边来生成轮廓。在"属性"面板中将"自标高的底部偏移"值设为"2950"，"截断标高"设置为"无"，即完成屋顶③的绘制，如图 10-44 所示。

图 10-43 图 10-44

7）在"类型属性"对话框中，将屋顶核心层结构设置为厚度 80，材质为"木材-刨花板"，上部面层厚度为 2，材质为白色"油漆"。绘制中心相同的一个半径为 870 的圆内接八边形和一个半径为 525 的圆外接八边形，如图 10-45 所示。完成绘制后，进入三维视图查看模型，如图 10-46 所示。

8）进入"标高 2"楼层平面，使用"屋檐：底板"命令，创建底板，选择"修改｜创建屋檐底板边界"选项卡下"绘制"面板中的"拾取线"绘制方式，在选项栏设置偏移值为 1800，通过拾取第一个屋顶的底部边来绘制底板，底板厚为 300，核心层结构材质为白色"油漆"，完成绘制后，进入三维视图查看模型，如图 10-47、图 10-48 所示。

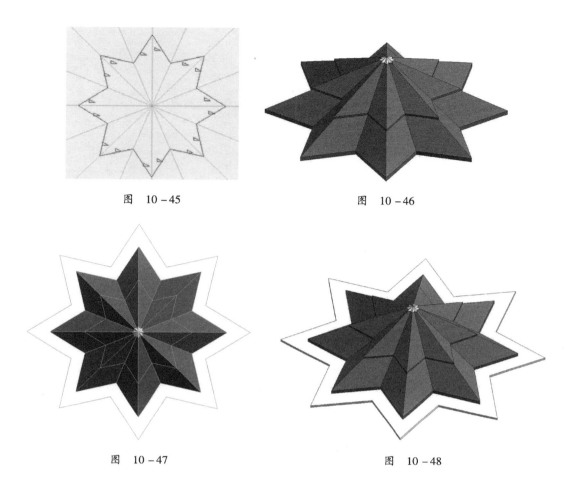

图　10 – 45

图　10 – 46

图　10 – 47

图　10 – 48

第 ⑪ 章　坡道

技能要求：

- 掌握坡道绘制的两种方法
- 能够修改坡道限制条件
- 能够使用坡道命令创建简单模型

第 1 节　创建坡道

1.1　通过 "梯段" 创建坡道

使用 "建筑样板" 新建项目，进入场地平面视图，单击 "建筑" 选项卡下 "楼梯坡道" 面板中的 "坡道" 命令，如图 11－1 所示，进入 "修改 | 创建坡道草图" 上下文选项卡进行创建。

图　11－1

单击 "绘制面板" 中 "梯段" 分组内 "线" 命令，在绘图区域中单击左键再移动鼠标指针向右，直到鼠标指针移动时，光标下不再出现梯段的线条为止，如图 11－2 所示。

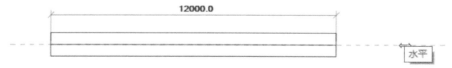

图　11－2

此时可见当前坡道线的最长处为 12000mm，但当再次单击左键继续绘制坡道，完成第二次绘制后，可发现，前一段坡道与第二次绘制的坡道自动生成了一段连接前后的坡道，在绘制的同时，在第一次绘制的坡道线左下角会有一小段文字提示，如图 11－3 所示。

图　11－3

继续绘制，当软件计算出坡道长度按照设置的坡度比已达到 "顶部标高" 时，提示文字变为

"48000 创建的倾斜坡道，0 剩余"，"绘制" 面板中 "梯段" 分组将变为灰色，成为不可用状态，如图 11 - 4 所示。

图 11 - 4

通常情况下，软件中默认的坡度比为 1:12，在 "标高 1" 平面视图中绘制坡道时，坡道顶部标高默认为 "标高 2"，"标高 2" 的默认高度为 4m，所以当绘制的坡道长度超过或等于 48000mm 时，"梯段" 分组将变为灰色。但如果更改了 "标高 2" 的高度或为坡道顶部设置更高的标高，那么这个数值也会随着顶部标高的数值而变大。因为，软件并不限制第二次绘制的坡道距离第一次绘制的坡道的间距，自动连接的坡道长度也不计算在内，所以在 "梯段" 分组变灰色之前可以绘制出远比 48000mm 长度更长的坡道，如图 11 - 5 所示。

图 11 - 5

连续绘制完成后的坡道在三维视图中如图 11 - 6 所示。

图 11 - 6

 注意：当连续绘制坡道时，不能在上一段坡道的结束处继续绘制，也无法捕捉到上一坡道的结束处。因为软件会自动创建连接坡道，所以再绘制时要为连接坡道预留出一定的空间，否则将无法绘制成功。

在初次绘制时，单击 "修改｜创建坡道草图" 选项卡下 "工具" 面板内 "栏杆扶手" 命令。在弹出的对话框中，修改坡道创建同时生成的栏杆扶手类型，如图 11 - 7 所示。

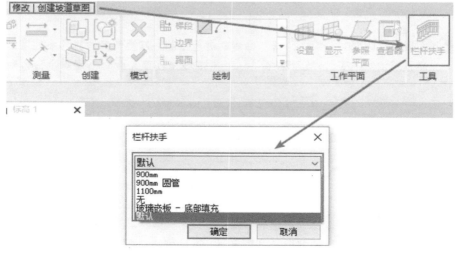

图 11 - 7

1.2 通过"边界和踢面"创建坡道

切换至"标高1"楼层平面视图，单击"建筑"选项卡"楼梯坡道"面板中的"坡道"命令。进入"修改 | 创建坡道草图"上下文选项卡。

当单击"绘制"面板"边界"分组时，选项栏中将出现可修改的设置，如图11－8所示。选择绘制的方式为"线"，如图11－9所示。

图　11－8　　　　　　　　　　　　　　　　　图　11－9

如图11－10所示，单击绘图区域任意位置作为起点，向一侧移动鼠标指针，绘制长度为4000mm的绿色线段（同时，线段左下角出现文字提示）。

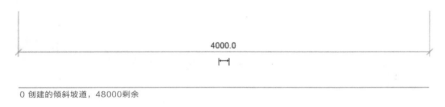

图　11－10

继续绘制边界线，在该边界线向下500mm的位置复制另一个边界线（此时文字提示自动跟随出现至最下方），如图11－11所示。

图　11－11

单击绘制面板中"踢面"分组内"线"命令，进行绘制，连接两条边界线条的两端并封闭出口（此时，文字提示依然不变），然后单击"√"完成坡道创建，此时出现一个警告对话框，如图11－12所示。

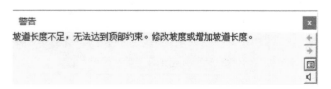

图　11－12

因为以"边界"和"踢面"绘制坡道时即使文字提示失效，坡道的长度计算依然起效，当软件检测到坡道长度不满足计算出的坡道长度要求时，就会弹出"警告"对话框来提示长度不足，当绘制的边线长度满足时该警告不会出现（两条边界线长度应均满足长度要求），以梯段绘制的坡道同样需要满足此条件。

以"边界"和"踢面"方式绘制的坡道与以"梯段"方式相比，灵活性更大，可以绘制异形坡道，如图 11 – 13 所示。

图　11 – 13

 注意：坡道创建成功后，在平面视图中选中坡道，坡道的底部位置将出现蓝色的小箭头，单击该箭头可翻转坡道方向。

第 2 节　编辑坡道

2.1　编辑实例属性

如图 11 – 14 所示，绘制或选中坡道时，可在属性面板中通过"底部标高"设置坡道的底部基准；通过"顶部标高"限制坡道的顶高度；修改"底部偏移"和"顶部偏移"可以在设置的顶部与底部限制高度之外再次延伸出指定高度。

通过修改"宽度"的值可以调整坡道的宽度，但只能控制由"梯段"方式绘制的坡道。

图　11 – 14

2.2 编辑类型参数

单击属性面板"编辑类型",打开坡道"类型属性"对话框,如图 11 - 15 所示。可以对坡道的构造、材质和尺寸标注进行修改。

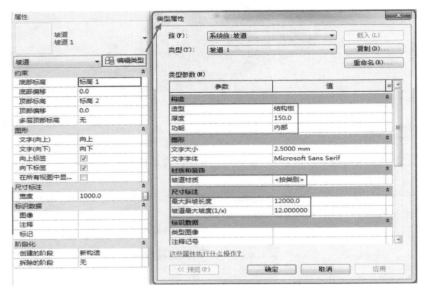

图 11 - 15

在"构造"分组下,"造型"属性列表中为"结构板"时,绘制成的坡道将由有厚度的板构成,"厚度"属性为板厚度的值,如图 11 - 16 所示。

图 11 - 16

在"构造"分组下,"造型"属性列表中为"实体"时,坡道底部将始终与标高对齐,"厚度"属性值变为灰色无效,如图 11 - 17 所示。

图 11 - 17

在"图形"分组下,"文字大小"及"文字字体"控制坡道创建成功时,平面视图中出现的"向上/向下"文字的大小及字体,如图 11 - 18 所示。

图 11 - 18

注意：当前视图剖切高度在坡道本体上时，"向上"文字显示，以示坡道底部位置及坡道仍向上延伸；视图剖切高度高于坡道本体，但视图中仍能看见坡道时，"向下"文字显示，以示坡道顶部位置及坡道方向。

在"材质和装饰"分组下，"坡道材质"可用于设置坡道的整体材质。

在"尺寸标注"分组下，"最大斜坡长度"用于限制以"梯段"绘制坡道时，坡道一次性最大可绘制的长度，坡道最大长度也受"坡道最大坡度（1/x）"属性的约束，当坡道顶部因为坡度的设置已达到"顶部标高"高度时，即使当前坡道长度没有达到设置的数值也无法继续绘制，此值最大不超过9144000mm。

在"尺寸标注"分组下，"坡道最大坡度（1/x）"用于设置坡道的坡度比，该值只能为正值。

施工过程中，室内坡道坡度不宜大于1:8；室外坡道不宜大于1:10；无障碍坡道坡度不宜大于1:12，困难地段不应大于1:8。室内坡道水平投影长度超过15m时，宜设休息平台，平台宽度应根据使用功能或设备尺寸所需缓冲空间而定。

第3节 课后练习

3.1 理论考试练习

1. 坡道的构造造型包括（　　）。

    A. 结构板与楼板　　　B. 结构板与实体　　　C. 楼板与斜坡　　　　　D. 实体与斜坡

2. 以下关于坡道的描述，正确的是（　　）。

    A. 踢面线必须为直线　　　　　　　　　B. 坡道边界必须为直线

    C. 坡道不能创建多层　　　　　　　　　D. 坡道标注只能显示向上标签

3. 创建坡道时，可以用（　　）方式创建。

    A. 踢面或编辑草图　　　　　　　　　　B. 梯段或编辑草图

    C. 梯段或边界与踢面　　　　　　　　　D. 踢面、编辑草图、梯段或边界与踢面

4. 如何创建实体坡道（　　）。

    A. 修改坡道边界　　　　　　　　　　　B. 修改坡道子图元

    C. 将其类型参数"造型"改为"实体"　　D. 将其类型参数"造型"改为"构造板"

3.2 实操考试练习： 创建停车场坡道

根据配套文件"第十一章 坡道"文件夹内"停车场坡道"文件及题中图11-19、图11-20，创建停车场坡道，已知弧形坡道厚200mm，直线形坡道造型为实体。围栏高800mm、宽200mm，模型中已包括楼板及柱，无需绘制。

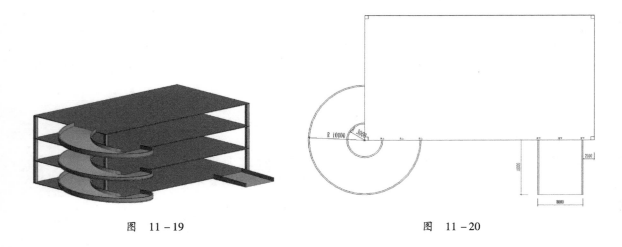

图 11-19   图 11-20

案例解析

根据效果图可以分析出需要绘制弧形及直线两种造型的坡道，其中坡道围栏同样可以通过坡道命令进行创建，使用"边界"+"踢面"的方式将更加方便。直线坡道的造型为"实体"，需要在类型属性中进行设置。

操作步骤

1）进入"标高1"楼层平面视图，单击"建筑"选项卡"楼梯坡道"面板内"坡道"命令，进入"修改丨创建坡道草图"上下文选项卡。单击"绘制"面板"边界"，选择绘制的方式为"圆心—端点弧"选项，如图11-21所示。

2）单击建筑左下角的端点作为圆心，输入半径3000mm画出弧，用相同的方法画出半径为10000mm的弧，如图11-22所示。

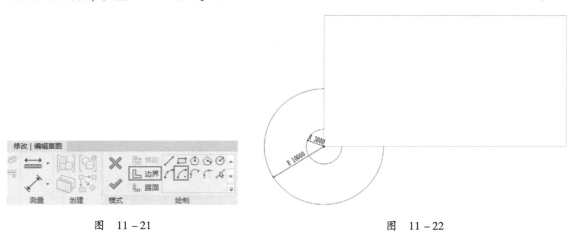

图 11-21   图 11-22

3）单击"绘制"面板"踢面"，选择绘制的方式为"直线"，连接刚刚画好的两段弧线端点，如图11-23、图11-24所示。

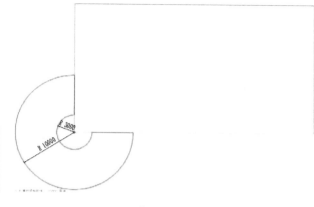

图 11-23   图 11-24

4）在属性栏设置坡道约束底部标高为"标高1"，顶部标高为"标高2"，偏移均设为0，修改类型属性中"厚度"为200，"坡道最大坡度（1/x）"为1，如图11-25所示。单击模式面板"√"，完成坡道创建。

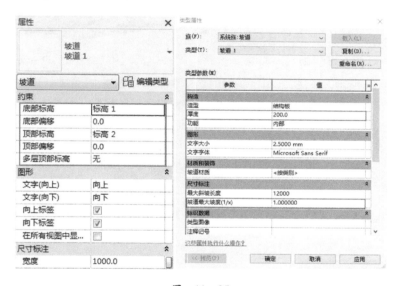

图 11-25

 注意：若坡道方向与题目相反，选中坡道后点击蓝色"→"，调换坡道上下方向。

5）单击"建筑"选项卡"楼梯坡道"面板"坡道"命令，进入"修改｜创建坡道草图"上下文选项卡。

单击"绘制"面板"边界"，选择绘制的方式为"圆心—端点弧"选项。

单击建筑左下角的端点作为圆心，输入半径3000mm画出弧，用相同的方法画出半径为3200mm的弧，单击"绘制"面板"踢面"，选择绘制的方式为"直线"选项，连接刚刚画好的两段弧，如图11-26所示。

图 11-26

6）在属性栏设置坡道约束底部标高为"标高 1"，顶部标高为"标高 2"，偏移均设为 800。单击"编辑类型"，在"类型属性"对话框单击"复制"输入坡道名称为"围栏"，修改厚度为 800，单击"确定"完成修改。单击模式面板"√"，如图 11 – 27 所示，完成坡道创建。

7）用相同的方法完成另一侧的围栏创建，创建后的三维模型如图 11 – 28 所示。

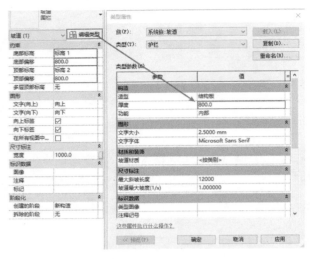

图　11 – 27　　　　　　　　　　　　　　　　图　11 – 28

8）如图 11 – 29 所示，按住〈Ctrl〉键同时选中 3 个所建坡道，单击"修改 | 坡道"选项卡下"剪贴板"面板内"复制到剪贴板"命令。单击"粘贴"下拉列表内"与选定的标高对齐"。如图 11 – 30所示，在"选择标高"对话框中，按住〈Ctrl〉键依次单击"标高 2"与"标高 3"，将坡道粘贴至指定标高，完成后三维模型如图 11 – 31 所示。

图　11 – 29

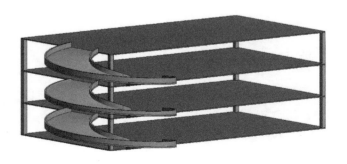

图　11 – 30　　　　　　　　　　　　　　图　11 – 31

9）进入"标高 1"平面视图，以"边界"加"踢面线"的方式，根据题干信息，画出坡道，如图 11 – 32 所示。

10）如图 11 -33 所示，修改对应属性。单击"编辑类型"，在"类型属性"对话框单击"复制"输入坡道名称为"入口"，修改"造型"为"实体"，单击"确定"完成修改。单击"√"，完成坡道创建。

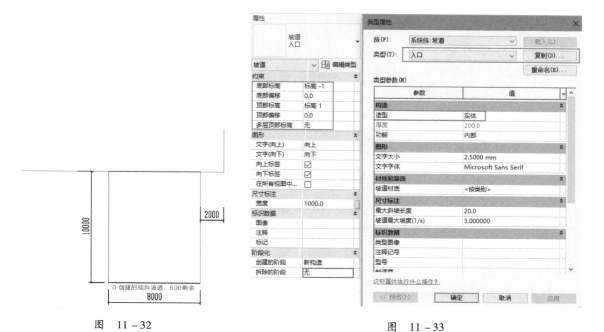

图 11 - 32   图 11 - 33

11）以相同的方式创建入口处"围栏"，设置坡道的约束参数，如图 11 - 34 所示。单击"√"完成创建，完成后的三维模型如图 11 - 35 所示。

图 11 - 34

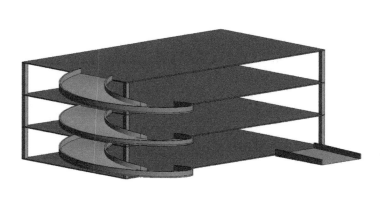

图 11 - 35

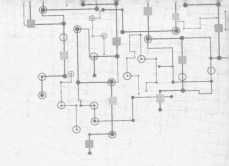

第 ⑫ 章 楼梯

技能要求：

- ◯ 掌握 Revit 自带不同造型楼梯的创建方法
- ◯ 掌握草图创建楼梯的方法
- ◯ 掌握楼梯的编辑方法
- ◯ 能够根据需求创建简单造型的楼梯

第1节 创建楼梯

1.1 创建直梯

使用"建筑样板"新建项目，进入"标高1"楼层平面，单击"建筑"选项卡"楼梯坡道"面板中的"楼梯"命令，如图12-1所示。使用"修改 | 创建楼梯"上下文选项卡中"构件"面板"梯段"创建楼梯，绘制方式为"直梯"，勾选工具栏"自动平台"，如图12-2所示。

图　12-1　　　　　　　　　　　　　图　12-2

在绘图区域内单击鼠标左键，垂直向上移动鼠标指针，当灰色数字显示"剩余为0"时再次单击鼠标左键，点击"√"，完成直梯的创建，如图12-3所示，进入三维视图查看模型，如图12-4所示。

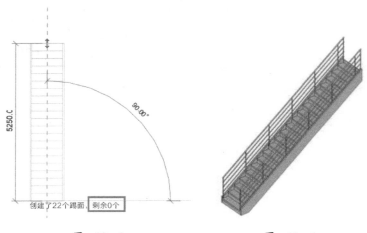

图　12-3　　　　　　　　　　　　　图　12-4

1.2 创建弧形楼梯

1. 绘制全踏步螺旋楼梯

使用"修改 | 创建楼梯"上下文选项卡中"构件"面板"梯段"创建楼梯,绘制方式为"全踏步螺旋",勾选工具栏"自动平台",在绘制区域内单击任意位置作为楼梯圆心,输入"1000"为半径,单击"√",完成全踏步螺旋楼梯的创建,如图 12 - 5 所示,进入三维视图查看模型,如图 12 - 6 所示。

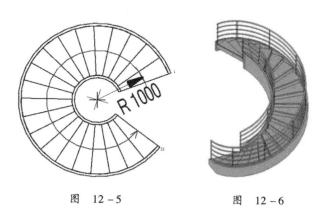

图 12 - 5   图 12 - 6

2. 绘制圆心—端点螺旋楼梯

使用"修改 | 创建楼梯"上下文选项卡中"构件"面板"梯段"创建楼梯,绘制方式为"圆心—端点螺旋",勾选工具栏"自动平台",在绘制区域内单击任意位置作为楼梯圆心,沿弧线方向移动鼠标指针至灰色数字显示"剩余为 0"时再次单击鼠标左键,点击"√",完成圆心—端点螺旋楼梯的创建,如图 12 - 7 所示,进入三维视图查看模型,如图 12 - 8 所示。

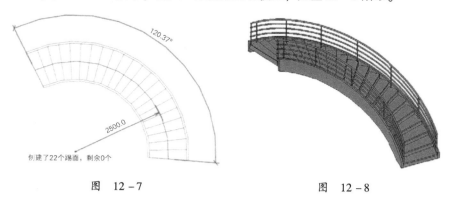

图 12 - 7   图 12 - 8

1.3 创建 L 形楼梯

使用"修改 | 创建楼梯"上下文选项卡中"构件"面板"梯段"创建楼梯,绘制方式为"L 形转角",勾选工具栏"自动平台",在绘制区域内任意位置单击〈空格〉键可切换楼梯布置方向进行放置,单击"√",完成 L 形楼梯的创建,如图 12 - 9 所示,进入三维视图查看模型,如图 12 - 10 所示。

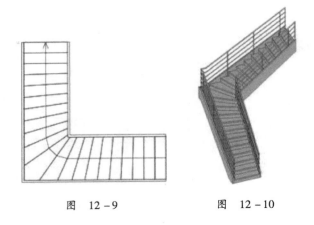

图　12－9　　　　　　　　图　12－10

1.4　创建 U 形楼梯

　　使用"修改｜创建楼梯"上下文选项卡中"构件"面板"梯段"创建楼梯，绘制方式为"U 形转角"，勾选工具栏"自动平台"，在绘制区域内任意位置单击〈空格〉键，可切换楼梯布置方向，然后进行放置，单击"√"完成 U 形楼梯的创建，如图 12－11 所示，进入三维视图查看模型，如图 12－12 所示。

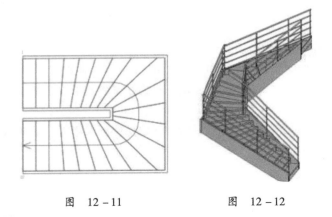

图　12－11　　　　　　　　图　12－12

1.5　按草图创建楼梯

　　单击"修改｜创建楼梯"上下文选项卡中"构件"面板"梯段"的"创建草图"，进入"修改｜创建楼梯 > 绘制梯段"上下文选项卡中，使用"绘制"面板上"边界"中的"直线"命令绘制边界，如图 12－13、图 12－14 所示。

图　12－13　　　　　　　　图　12－14

再使用"绘制"面板上"踢面"中的"直线"命令绘制所有踢面,如图 12-15 所示。最后使用"绘制"面板上"楼梯路径"中的"直线"命令绘制楼梯走向,如图 12-16 所示。

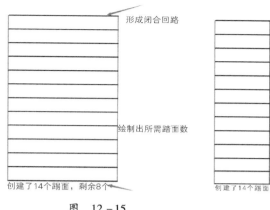

形成闭合回路

绘制出所需踏面数

创建了14个踢面,剩余8个

确定楼梯上下方向

创建了14个踢面,剩余8个

图 12-15　　　　　　图 12-16　　　　　　　　图 12-17

单击"√",在"修改 | 创建楼梯"上下文选项卡中单击"工具"面板"翻转"命令可修改楼梯上下方向,单击"√",进入三维视图查看模型,如图 12-17 所示。

第 2 节　编辑楼梯

2.1　编辑楼梯类型

使用"建筑样板"新建项目,使用"梯段"中的"直梯"命令,在"属性"面板"类型选择器"中选择楼梯类型,如图 12-18 所示。通过"约束"面板中的参数设定楼梯高度,例如:"底部标高"设置为"标高 1","顶部标高"设置为"标高 2",通过设置标高 2 为"3300",确定楼梯高度为 3300mm,如图 12-19 所示。

在"属性"面板中通过设置"所需踢面数"设定楼梯踢面数量,通过"实际踏板深度"参数设置踏板深度,在选项栏中设置"实际梯段宽度"的参数,通过设置"定位线"选择创建楼梯的路径,例如:"所需踢面数"为"18","实际踏板深度"为"250","定位线"为"梯段:左","实际梯段宽度"为"1000",如图 12-20、图 12-21 所示。

属性

组合楼梯
190mm 最大踢面
250mm 梯段

现场浇注楼梯
　整体浇筑楼梯
组合楼梯
　190mm 最大踢面 250mm 梯段
　专用
　工业装配楼梯
　部分 M (已停用)
预制楼梯
　预制楼梯

图 12-18

属性

组合楼梯
190mm 最大踢面
250mm 梯段

楼梯　　　　　编辑类型

约束
底部标高	标高 1
底部偏移	0.0
顶部标高	标高 2
顶部偏移	0.0
所需的楼梯高度	3300.0

图 12-19

属性

组合楼梯
190mm 最大踢面
250mm 梯段

楼梯　　　　　编辑类型

约束
底部标高	标高 1
底部偏移	0.0
顶部标高	标高 2
顶部偏移	0.0
所需的楼梯高度	3300.0

尺寸标注
所需踢面数	18
实际踢面数	1
实际踢面高度	183.3
实际踏板深度	250.0
踏板/踢面起始...	1

图 12-20

| 定位线: 梯段: 左 | ∨ | 偏移: 0.0 | 实际梯段宽度: 1000.0 | ☑自动平台 |

图　12－21

在绘制区域单击鼠标左键，移动鼠标指针，当灰色数字显示"剩余为 0"时，再次单击鼠标左键，点击"√"，完成直梯的创建，如图 12－22 所示，进入三维视图查看模型，如图 12－23 所示。

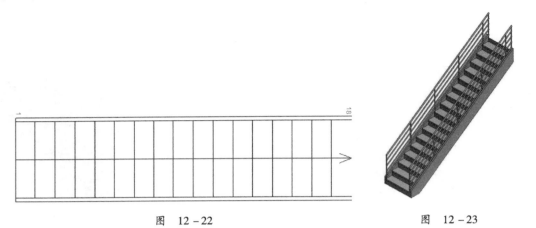

图　12－22　　　　　　　　　　　　图　12－23

2.2 编辑楼梯构件

1. 修改构造

选择绘制完成的楼梯，进入"类型属性"对话框，单击"梯段类型"后的选择框，如图 12－24所示。在弹出的梯段类型的"类型属性"对话框中，单击"复制"命令，修改梯段名称为"50mm 踏板无踢面"。单击踏板材质后的选择框，在弹出的"材质浏览器"对话框中选择"木材—层压板—象牙白，粗面"材质修改踏板材质。取消勾选"踢面"，如图 12－25 所示，单击"确定"，完成梯段类型修改。单击"平台类型"后的选择框也可修改平台类型。

图　12－24　　　　　　　　　　　　图　12－25

2. 修改支撑

在"类型属性"对话框的"支撑"面板，在右侧支撑后的选择框列表中，选择"踏步梁（开放）"，单击右侧支撑类型后的选择框，如图 12-26 所示。进入踏步梁类型的"类型属性"对话框，将材质设置为"不锈钢"，如图 12-27 所示，单击"确定"完成踏步梁类型创建。修改右侧侧向偏移数据为"300"，将左侧支撑参数设置为与右侧相同，如图 12-28 所示。单击"确定"，完成楼梯的创建。进入三维视图查看模型，如图 12-29 所示。

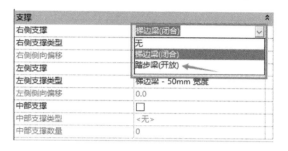

图 12-26

图 12-27

图 12-28

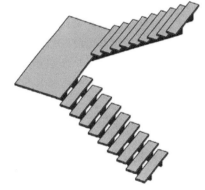

图 12-29

第3节 课后练习

3.1 理论考试练习

1. 绘制楼梯时，最大踢面高度为 200mm，所需楼梯高度为 4000mm，所需踢面数为 10，则（　　）。

   A. 无法进行绘制

   B. Revit 弹出警告"实际楼梯踢面高度大于在楼梯类型中指定的最大踢面高度"，并生成实际踢面高度为 200mm、踢面数为 10 个的楼梯

   C. Revit 弹出警告"实际楼梯踢面高度大于在楼梯类型中指定的最大踢面高度"，并生成实际踢面高度为 200mm、踢面数为 20 个的楼梯

   D. Revit 弹出警告"实际楼梯踢面高度大于在楼梯类型中指定的最大踢面高度"，并生成实际踢面高度为 400mm、踢面数为 10 个的楼梯

2. 在 Revit 2018 中，如何最快地创建多层楼梯（　　）。

    A. 使用"多层顶部标高"命令　　　　　　　　B. 使用"连接标高"命令

    C. 使用"编辑草图"的方式进行手动绘制　　　D. 每一层单独绘制后进行连接

3. 可在（　　）创建楼梯。

    A. 平面视图、立面视图　　　　　　　　　　B. 平面视图、三维视图

    C. 平面视图、立面视图与三维视图　　　　　D. 平面视图、立面视图、剖面视图与三维视图

4. 在 Revit 软件中，下列关于创建楼梯说法正确的是（　　）。

    A. 可以通过绘制梯段创建楼梯

    B. 使用"梯段"命令不可以创建螺旋楼梯

    C. 使用"编辑草图"命令创建楼梯后，不可以修改楼梯的方向

    D. 以上答案均不正确

5. 在 Revit 软件中创建楼梯，在"修改｜创建楼梯"选项卡中不包含（　　）构件。

    A. 支座　　　　　　　　B. 平台　　　　　　　　C. 梯段　　　　　　　　D. 梯边梁

6. 下列关于"楼梯"说法正确的是（　　）。

    A. 创建 L 形或 U 形楼梯时，按〈空格键〉可旋转斜踏步梯段的形状，以便梯段朝向所需的方向

    B. 创建楼梯时，楼梯的定位线共有 4 种

    C. 平台只可通过绘制形状来创建

    D. 以上答案均不正确

3.2　实操考试练习：　根据给定图纸创建楼梯模型

    按照给定的楼梯平面图（图 12 - 30）、立面图（图 12 - 31），创建楼梯模型，题中未给定信息可自取合理值。

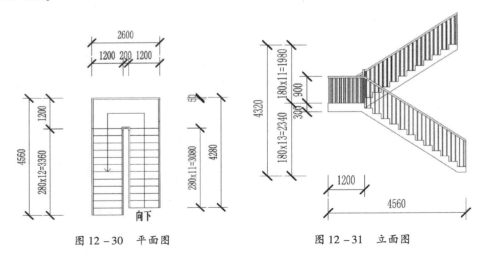

图 12 - 30　平面图　　　　　　　　　　　　　　图 12 - 31　立面图

案例解析

    根据平面图、立面图可以知道踢面高度为 180mm，踏板深度为 280mm。默认绘制的楼梯顶部不会达到所设置的"顶部标高"，最后会留出一节台阶高度给"休息平台"。所以计算高度的时候

需再计算一个踢面高度：4320mm + 180mm = 4500mm。

操作步骤

1）以"建筑样板"为基准样板新建项目文件，进入"南立面"视图，将"标高 2"高度设置为"4.500"，如图 12-32 所示。

2）进入"标高 1"平面视图，单击"建筑"选项卡"工作平面"面板"参照平面"，在绘制区域绘制出楼梯的宽度、高度和梯段的中心线，用来定位楼梯位置，如图 12-33 所示。

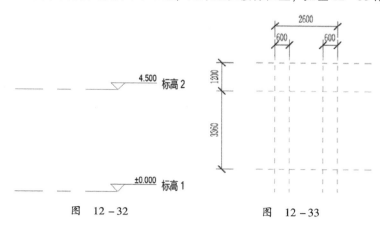

图 12-32   图 12-33

3）单击"建筑"选项卡"楼梯坡道"面板"楼梯"命令，在"属性"面板"类型选择器"中选择"现场浇注楼梯：整体浇筑楼梯"，所需踢面数为"34"，实际踏板深度为"280"；在选项栏中设置实际梯段宽度为"1200"，如图 12-34、图 12-35 所示。

定位线：梯段：中心   偏移：0.0   实际梯段宽度：1200   ☑自动平台

图 12-35

4）沿参照平面创建的定位线，使用"绘制"面板"梯段"中的"直梯"命令绘制楼梯，当灰色文字显示"剩余 0 个"时，单击左键，放置楼梯，单击"√"，完成楼梯的创建，如图 12-36 所示。

图 12-34

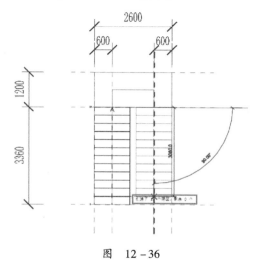

图 12-36

注意：由于创建楼梯时默认设置为自动创建栏杆扶手，有时会弹出警告对话框，如图12-37所示，提示"扶栏不连续"，这是由于楼梯转弯处角度过小导致的，此时直接关闭弹出的"警告"对话框即可。

图　12-37

5）选中楼梯自动生成的栏杆扶手，将其修改为"栏杆扶手-900mm"，完成模型的创建，如图12-38所示，进入三维视图查看模型，如图12-39所示。

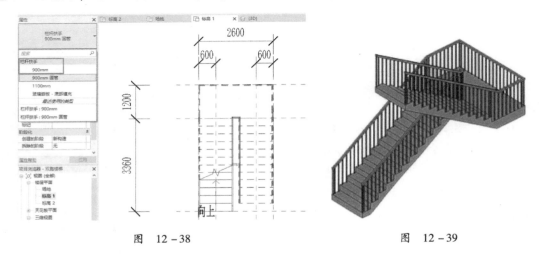

图　12-38　　　　　　　　　　　　　　图　12-39

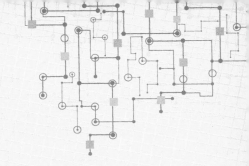

第 13 章　栏杆扶手

技能要求：

○ 掌握栏杆扶手的创建与编辑

○ 能够创建常见造型的栏杆扶手

第 1 节　创建栏杆扶手

在 Revit 软件中，工程师可通过栏杆扶手命令，创建多种类型的栏杆扶手。创建栏杆扶手有两种方式："绘制路径"是手动绘制，可以比较自由地编辑路径生成栏杆扶手；"放置在楼梯/坡道上"是直接拾取楼梯/坡道进行放置，自动生成。这两种方式都可通过后期编辑达到实际项目需求。

1.1　通过"绘制路径"创建栏杆扶手

使用"建筑样板"新建项目，进入"标高 1"楼层平面，单击"建筑"选项卡下"栏杆扶手"面板下的"绘制路径"命令，如图 13－1 所示。

图　13－1

在"绘制"面板中进入"修改｜创建栏杆扶手路径"上下文选项卡，如图 13－2 所示，确定绘制的方式为直线，在选项中不勾选"链"，确定偏移量为 0，不勾选"半径"。

图　13－2

在"类型选择器"中选择类型为"900mm 圆管",在绘图区域绘制长 4000mm 的路径,如图 13 - 3 所示,单击"√"完成绘制。进入三维视图查看模型,如图 13 - 4 所示。

图 13 - 3

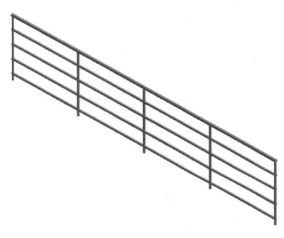

图 13 - 4

1.2 通过"放置在楼梯/坡道上"创建栏杆扶手

选择"放置在楼梯/坡道上"命令,选择自动生成的栏杆扶手生成的位置,如图 13 - 5 所示。"踏板"和"梯边梁"只是决定栏杆扶手生成的位置,如果所选楼梯没有梯边梁,放置时会弹出警告,栏杆扶手会自动放置在踏板上。

图 13 - 5

第 2 节 编辑栏杆扶手

2.1 编辑顶部扶栏

选择绘制好的栏杆,单击属性面板中"编辑类型",在弹出的"类型属性"对话框内复制出新类型并命名为"1100mm 圆管",单击"确定",如图 13 - 6 所示。

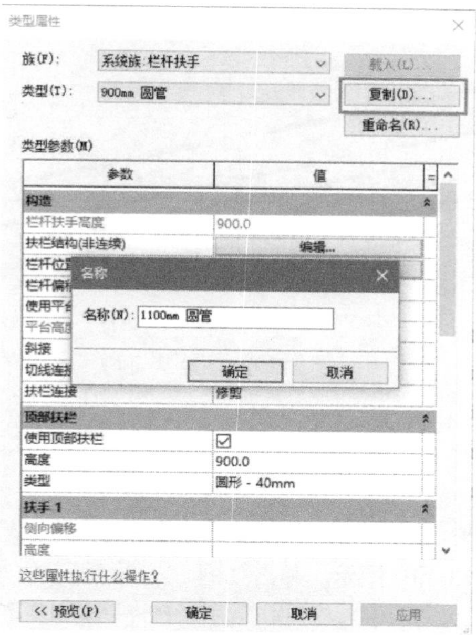

图 13-6

修改"顶部扶栏"分组中"高度"值为"1100",单击类型选项"圆形-40mm"后的"..."隐藏按钮,如图13-7所示。

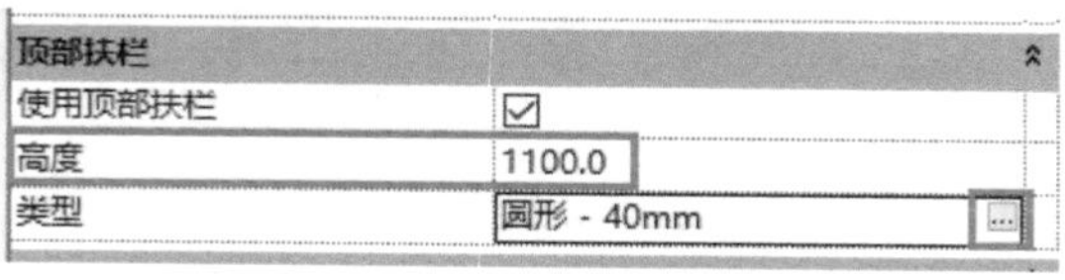

图 13-7

进入顶部栏杆的"类型属性"界面,修改设置如图13-8所示。

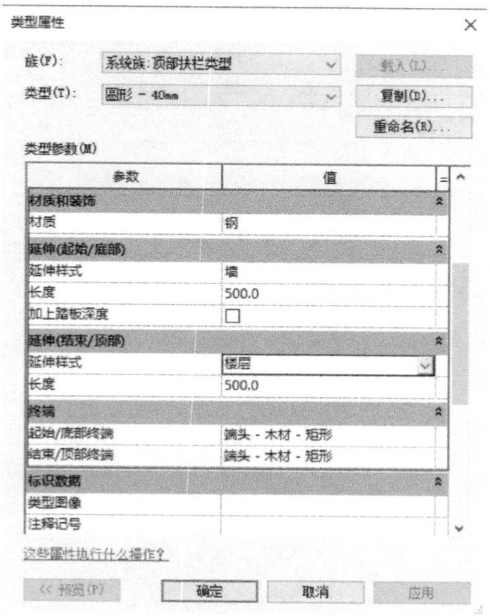

图 13-8

此时栏杆扶手三维模型如图 13 – 9 所示。

图　13 – 9

2.2　编辑扶栏结构

　　选择栏杆，单击"编辑类型"，在弹出的对话框中单击"构造"分组下"扶栏结构（非连续）"后的"编辑…"，如图 13 – 10 所示。弹出如图 13 – 11 所示的对话框，将"扶栏 1"和"扶栏 2"的"高度"值分别修改为"200"。单击"扶栏 3"一行中任意位置，单击"删除"，重复此操作，删除"扶栏 4"，完成后单击"确定"，退出"扶栏结构（非连续）"界面。

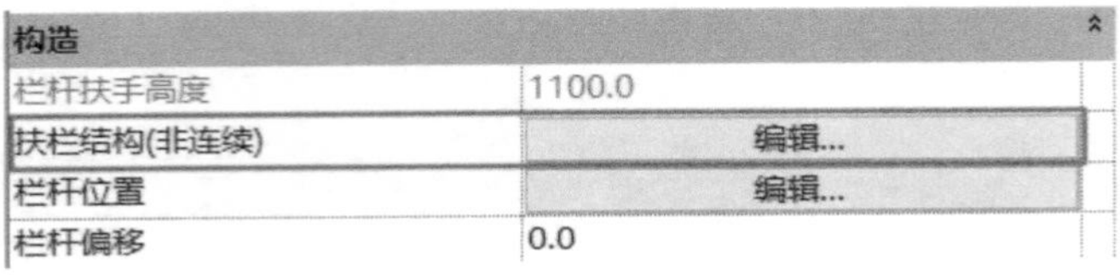

构造	
栏杆扶手高度	1100.0
扶栏结构(非连续)	编辑…
栏杆位置	编辑…
栏杆偏移	0.0

图　13 – 10

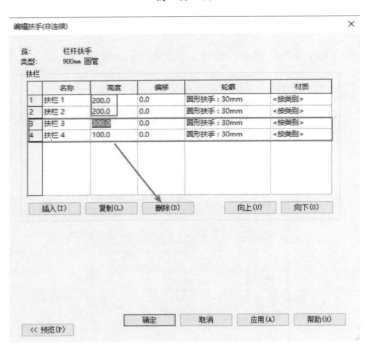

图　13 – 11

2.3 编辑扶栏位置

单击"构造"分组下"扶栏位置"后的"编辑…"隐藏按钮,进入"编辑栏杆位置"对话框,修改设置如图 13 – 12 所示。完成后单击"确定"两次,栏杆扶手样式如图 13 – 13 所示。

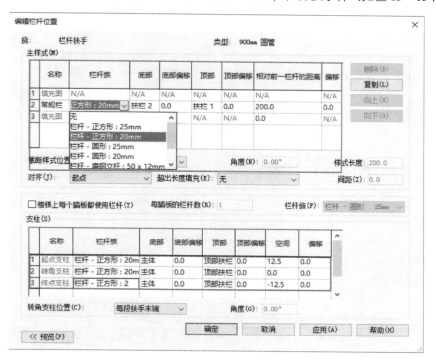

图　13 – 12

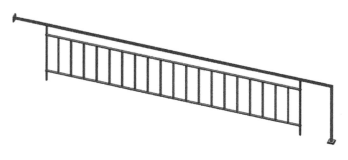

图　13 – 13

2.4 编辑扶手

选择绘制的栏杆扶手,单击"编辑类型",在弹出的对话框中,删除"扶栏结构(非连续)"内所有的扶手,并取消勾选"使用顶部扶栏"命令,如图 13 – 14 所示。

修改"扶手 1"分组下"类型"参数后的"…"隐藏按钮,在弹出的对话框中,修改参数如图 13 – 15 所示,完成后单击"确定"完成扶手编辑。再修改"类型属性"对话框中"扶手 1"分组下"位置"为"右侧",如图 13 – 16 所示。完成后栏杆扶手三维视图如图 13 – 17 所示。

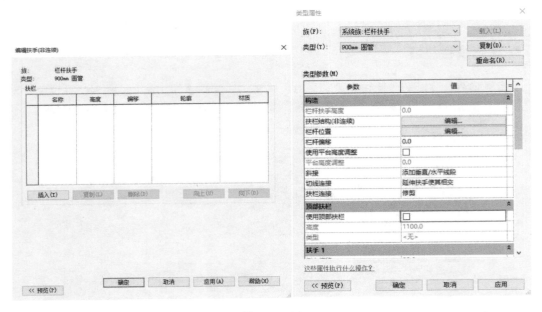

图　13－14

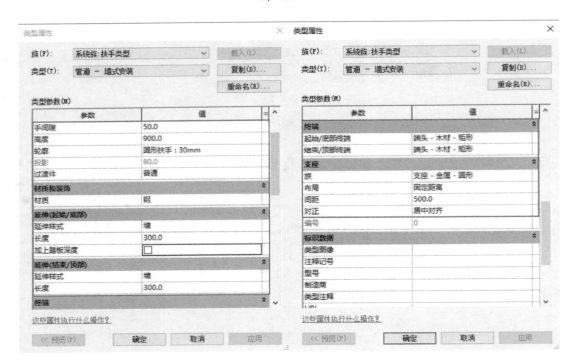

图　13－15

扶手 1		
侧向偏移	55.0	
高度	800.0	
位置	右侧	
类型	管道－墙式安装	

图　13－16

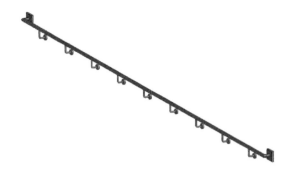

图 13 – 17

第 3 节　课后练习

3.1　理论考试练习

1. 修改栏杆扶手总高度应修改（　　　）。
    A. 顶部扶栏高度　　　B. 底部高度　　　　　　C. 扶栏结构　　　　　　D. 栏杆偏移

2. 扶栏连接方式包括（　　　）。
    A. 修剪与圆角　　　B. 修剪与斜接　　　　　C. 修剪与接合　　　　D. 圆角与斜接

3. 下列（　　　）属于栏杆扶手的实例参数。
    A. 顶部扶栏高度　　　B. 扶栏连接方式　　　　C. 栏杆位置　　　　　D. 底部标高

4. 楼梯生成栏杆扶手后，每节台阶上都有一根栏杆，无论"相对前一栏杆的距离"调整为何值，栏杆间距照旧，是由于（　　　）。
    A. 不应修改栏杆位置，应修改栏杆偏移　　　　B. 与栏杆连接方式有关
    C. 选用的栏杆族不合适　　　　　　　　　　　D. 勾选了"楼梯上每个踏板都使用栏杆"

3.2　实操考试练习：创建与编辑中式栏杆扶手

　　根据给出的栏杆立面图（图 13 – 18）创建中式栏杆扶手，其中所有栏杆间距均为 150mm，扶手标注以顶部为准，栏杆扶手材质均为"胡桃木"。完成后以"栏杆扶手"为文件名保存。

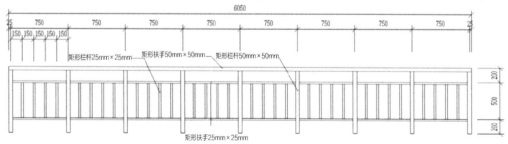

图 13 – 18

案例解析

1）栏杆扶手中有部分无题中所描述族类型，应创建新的栏杆、扶手类型。

2）栏杆扶手绘制时，长度应以栏杆中心开始计算。

3）据题分析，应编辑栏杆的高度、间隔和材质。

4）因绘制时扶栏长度以栏杆中心计算，所以应修改首尾的延伸长度，以补足，还需修改扶栏的高度和材质。

5）以指定名称保存。

操作步骤

1）选择"建筑样板"新建项目，进入"标高1"楼层平面，单击"建筑"选项卡下"栏杆扶手"面板中的"绘制路径"命令。在绘制区域绘制长度为6000mm的栏杆扶手直线路径。

2）在"项目浏览器"中找到"族"分组下"栏杆扶手"分组内"栏杆—正方形"分组中的"25mm"族类型，右键单击打开"类型属性"面板，修改"栏杆材质"为"胡桃木"。然后单击"复制"，在弹出的对话框中修改"名称"为"50mm"，并将"栏杆材质"修改为"胡桃木"，"宽度"修改为"50"，完成后单击"确定"结束本次编辑，如图13-19、图13-20所示。

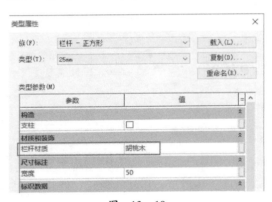

图 13-19

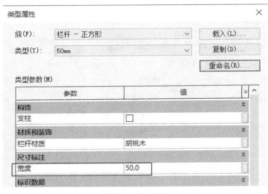

图 13-20

在"项目浏览器"中找到"族"分组下"轮廓"分组内"矩形扶手"分组中"50×50mm"族类型，右键单击，打开"类型属性"面板，如图13-21所示。使用"类型"后"复制"命令，创建新类型，将其名称修改为"25×25mm"，并在下方"尺寸标注"中将其"高度"与"宽度"修改为"25"，如图13-22，单击"确定"完成编辑。

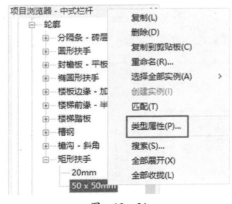

图 13-21

图 13-22

3）此时未退出绘制状态，新建族类型，并命名为"栏杆扶手"，如图 13-23 所示。

4）进入"编辑扶手（非连接）"界面中。修改结果如图 13-24 所示，单击"确定"结束编辑扶手。

图　13-23　　　　　　　　　　　　　　　　　图　13-24

5）进入"编辑栏杆位置"对话框，在主样式"常规栏杆"中设置栏杆族为"栏杆—正方形：25mm"，底部设置为"扶栏2"，顶部设置为"扶栏1"，相对前一栏杆的距离为"150"，设置完成后单击"复制"4次，使"常规栏杆"的数目为5个，将最后一个"常规栏杆"的栏杆族设置为"栏杆—正方形：50mm"，底部设置为"主体"，顶部设置为"顶部扶栏"，如图 13-25 所示。

	名称	栏杆族	底部	底部偏移	顶部	顶部偏移	相对前一栏杆的距离	偏移
1	填充图案	N/A	N/A	N/A	N/A	N/A	N/A	N/A
2	常规栏杆	栏杆 - 正方形：25m	扶栏 2	0.0	扶栏 1	0.0	150.0	0.0
3	常规栏杆	栏杆 - 正方形：25m	扶栏 2	0.0	扶栏 1	0.0	150.0	0.0
4	常规栏杆	栏杆 - 正方形：25m	扶栏 2	0.0	扶栏 1	0.0	150.0	0.0
5	常规栏杆	栏杆 - 正方形：25m	扶栏 2	0.0	扶栏 1	0.0	150.0	0.0
6	常规栏杆	栏杆 - 正方形：50m	主体	0.0	顶部扶栏	0.0	150.0	0.0
7	填充图案	N/A	N/A	N/A	N/A	N/A	0.0	N/A

主样式(M)

删除(D)　复制(L)　向上(U)　向下(N)

截断样式位置(K)：每段扶手末端　　角度(N)：0.00°　　样式长度：750.0

对齐(J)：起点　　超出长度填充(E)：无　　间距(I)：0.0

图　13-25

将"支柱"分组的"起点支柱""终点支柱"的栏杆族都设置为"栏杆—正方形：50mm"，"起点支柱"空间设置为"0"，"终点支柱"空间设置为"0"，单击确定，如图 13-26 所示。单击"确定"结束本次编辑。

支柱(S)

	名称	栏杆族	底部	底部偏移	顶部	顶部偏移	空间	偏移
1	起点支柱	栏杆 - 正方形：50m	主体	0.0	顶部扶栏	0.0	0.0	0.0
2	转角支柱	栏杆 - 圆形：25mm	主体	0.0	顶部扶栏	0.0	0.0	0.0
3	终点支柱	栏杆 - 正方形：50m	主体	0.0	顶部扶栏	0.0	0.0	0.0

转角支柱位置(C)：每段扶手末端　　角度(G)：0.00°

图　13-26

6）选择"顶部扶栏"分组"类型"后"…"，弹出"顶部栏杆类型属性"对话框，单击

"复制"命令,名称设置为"矩形 - 50mm"。修改"构造"分组下"轮廓"为"矩形扶手: 50 × 50mm",材质设置为"胡桃木",修改"延伸(起始/底部)"及"延伸(结束/顶部)"值均为"25",如图 13 - 27 所示。完成后单击确定,结束本次编辑。

图 13 - 27

7) 完成后三维图的栏杆扶手如图 13 - 28 所示。

图 13 - 28

第 ⑭ 章 附属构件

技能要求：

○ 掌握几种不同洞口工具的使用方法
○ 掌握电梯等附属构件的放置
○ 能够创建房间并进行室内家具的布置

第1节 洞口

在建模过程中，会遇到很多需要在模型上开洞口的情况，如电梯井、机电管井等。Revit 软件的洞口命令则满足了这种需求。接下来打开配套文件中"第14章 附属构件"文件夹中的"洞口"案例模型，如图 14 – 1 所示，进行洞口命令讲解。

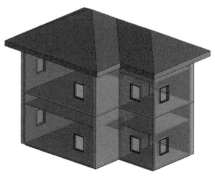

图　14 – 1

1.1 面洞口

"面洞口"工具可以用来创建一个垂直于屋顶、楼板或天花板选中平面的洞口，常使用在楼梯间楼板开洞等。

单击"建筑"选项卡"洞口"面板中的"按面"命令，如图 14 – 2 所示。单击屋面后，选择"矩形"绘制方式，在屋面上绘制出洞口边界，如图 14 – 3 所示，单击"√"完成洞口创建，可以看到洞口是垂直于屋顶进行剪切的。

图　14 – 2

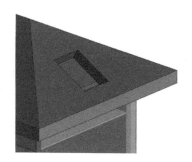

图　14 – 3

1.2 竖井洞口

"竖井洞口"命令用来创建一个跨多个标高的垂直洞口，贯穿屋顶、楼板和天花板。如果在一个标高上移动竖井洞口，则该洞口会在所有标高上移动。其适用于电梯井的创建。

进入"标高 3"楼层平面，单击"洞口"面板中的"竖井"命令，如图 14 – 4 所示。单击屋面后，选择"矩形"绘制方式，在屋面上画出洞口边界，如图 14 – 5 所示。在"属性"面板中修改洞口约束，如图 14 – 6 所示。单击"√"完成洞口创建。

切换至三维视图，选择竖井洞口，可以通过拖拽两端的造型操纵柄任意调整竖井高度，如图 14 –7所示。

图 14 – 4

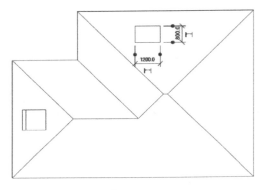

图 14 – 5

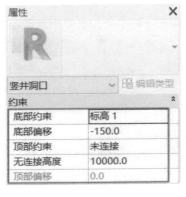

图 14 – 6

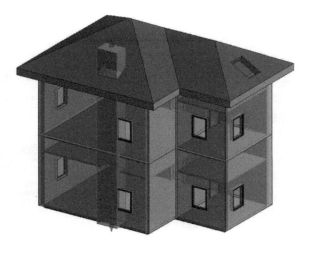

图 14 – 7

1.3 墙洞口

"墙洞口"工具可以在直墙或弧墙中剪切一个矩形洞口。若要创建圆形或多边形洞口，则需选择对应的墙体使用"编辑轮廓"工具。

进入三维视图，单击"墙"命令，如图 14 – 8 所示。拾取需要剪切洞口的墙面，然后在墙面任意位置通过框选方式绘制洞口边界，绘制完成后单击两次〈Esc〉键即可退出完成操作，如果还要继续编辑洞口尺寸，可以选择墙洞口在属性面板中继续编辑，如图 14 – 9 所示。

图 14 – 8

图 14 – 9

1.4 垂直洞口

"垂直洞口"工具用来创建一个贯穿屋顶、楼板或天花板的垂直洞口。垂直洞口是垂直于标高的，并不反映选定对象的角度。若要创建一个垂直于选定面的洞口，需使用"面洞口"工具。

进入"标高 3"楼层平面，单击"垂直"命令，如图 14 – 10 所示。拾取屋面后，在绘制面板中选择"矩形"绘制方式，在屋面上绘制洞口边界，如图 14 – 11 所示。单击"√"完成洞口创建，可以对比其和"面洞口"命令创建出的洞口的区别，如图 14 – 12 所示。

图 14 – 10

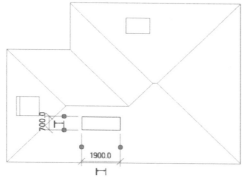

图 14 – 11

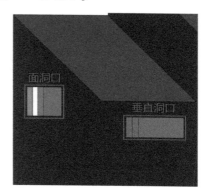

图 14 – 12

1.5 老虎窗

"老虎窗"命令用来剪切屋顶，为老虎窗创建洞口。

1）进入"标高3"楼层平面，单击"迹线屋顶"命令，选择"基本屋顶：常规 – 125mm"，如图 14 – 13 所示。选择"矩形"绘制方式，在屋面绘制如图 14 – 14 所示屋顶迹线（尺寸不做限制），取消东西两侧迹线的坡度定义，点击"√"，将小屋顶向上偏移 900mm，完成小屋顶绘制。

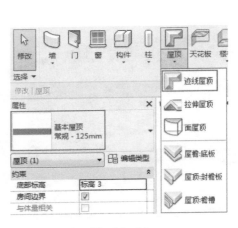

图 14 – 13

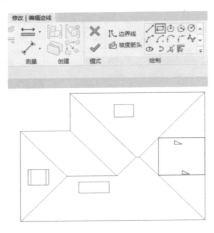

图 14 – 14

2）进入三维视图，将除屋顶以外的图元全部隐藏。选中小屋顶，单击"修改 | 屋顶"上下文选项卡下"几何图形"面板中"连接/取消连接屋顶"命令，如图 14 – 15 所示。在线框模式下，依次单击小屋顶连接大屋顶的边界线和小屋顶所要连接在大屋顶的面，完成两个屋顶的连接，如图 14 – 16 所示。

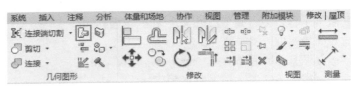

图 14 – 15

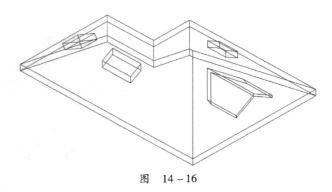

图 14 – 16

3）选择"基本墙：常规 – 90mm 砖"，在小屋顶下绘制如图 14 – 17 所示墙体用来定义老虎窗洞口的边界。选中墙体，单击"修改 | 墙"上下文选项卡中"修改墙"面板的"附着顶部/底部"

命令，选择小屋顶，使墙体顶部附着在小屋顶底部，墙体底部附着在大屋顶顶部，如图 14 – 18 所示。

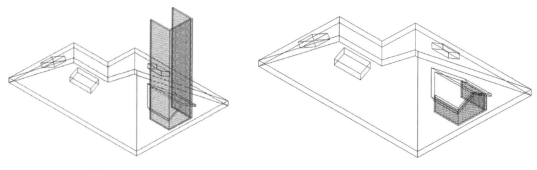

图　14 – 17 　　　　　　　　　　　　　　图　14 – 18

4）单击"建筑"选项卡"洞口"面板中的"老虎窗"命令，如图 14 – 19 所示。先拾取大屋面，再拾取小屋顶和所有墙体内边界，将其修剪为封闭图形，如图 14 – 20 所示。单击"√"，完成老虎窗洞口创建。

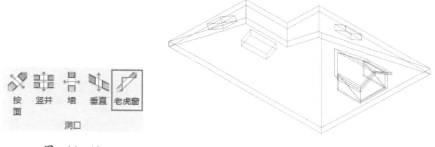

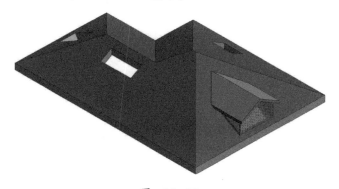

图　14 – 19 　　　　　　　　　　　　　图　14 – 20

5）完成后进入到三维视图，如图 14 – 21 所示。

图　14 – 21

⚠ 注意：所有洞口，如果不需要可直接选中洞口按〈Delete〉键进行删除，被剪切的构件将恢复原状。

第2节　构件的使用

使用"建筑样板"新建项目，进入"标高1"楼层平面，单击"载入族"命令，从路径"建筑—专用设备—电梯"的文件夹中选择"住宅电梯"，单击"打开"完成族的载入。

单击"建筑"选项卡下"创建"面板内"构件"下拉列表中"放置构件"，在属性面板的类型选择器中选择刚刚载入的"住宅电梯"。在绘图区域放置"住宅电梯"，发现左下角状态栏显示为"点击墙以放置实例"，说明该族需要放置在墙上。

再创建一面墙，之后再次放置电梯，如图14-22所示（为了方便观察，图示设置了墙体的透明度）。在类型属性中可以修改电梯材质、门宽、门高等数据，如图14-23所示。

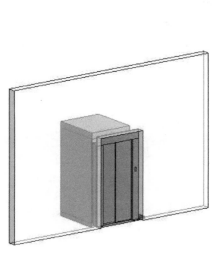

图　14-22

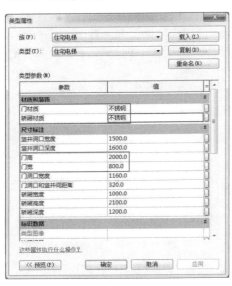

图　14-23

> ⚠️ **注意**：不同的族可能需要基于不同的主体进行放置，需要注意状态栏的提示。

第3节　课后练习

3.1　理论考试练习

1. 在坡道上创建洞口有（　　）种方式。
   A. 0　　　　　　　　B. 1　　　　　　　　C. 2　　　　　　　　D. 3

2. 在楼板上创建洞口不可以使用（　　）命令。
   A. 编辑边界　　　　B. 添加分割线　　　　C. 竖井　　　　　D. 按面洞口

3. 关于洞口以下说法正确的是（　　）。
   A. 竖井可以剪切任意构件　　　　　　　B. 按面洞口可以剪切任意构件

C. 垂直洞口可以剪切任意构件   D. 老虎窗只可以剪切屋顶

4. 墙洞口命令可创建（   ）种形状的洞口。

A. 1   B. 2   C. 3   D. 13

5. 竖井洞口可以剪切以下（   ）构件。

A. 楼板   B. 坡道   C. 楼梯   D. 墙

6. 面洞口不可在（   ）上创建。

A. 墙   B. 楼板   C. 天花板   D. 屋顶

3.2 实操考试练习：创建并放置房间家具

打开配套文件中"第 14 章 附属构件"文件夹中的"创建房间分隔"案例模型，根据图 14 - 24 所示布置房间，要求创建对应房间并放置所有家具。

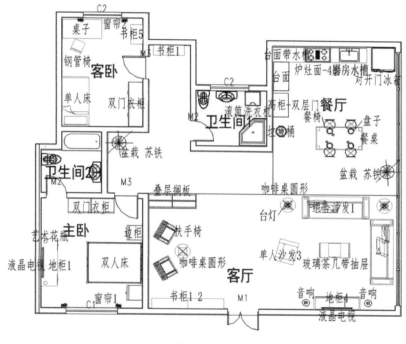

图   14 - 24

案例解析

据题分析，首先应创建房间，通过观察可以发现，客厅和餐厅需要手动添加房间分隔。房间生成后，需要将相应家具放置到对应的位置，模型中没有提供的家具族，需要手动从族库载入。

操作步骤

1）打开配套文件"第 14 章 附属构件"文件夹中的"创建房间分隔"案例模型，进入"标高 1"楼层平面，单击"建筑"选项卡下"房间和面积"面板中的"房间分隔"命令，如图 14 - 25 所示。沿着Ⓑ轴和⑤轴将没有墙的房间分隔出来，分隔线与墙体相交即可，如图 14 - 26 所示。

图   14 - 25

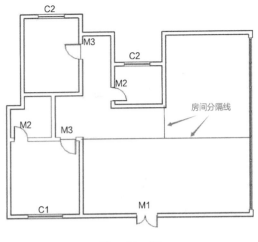

图　14－26

2）单击"建筑"选项卡下"房间和面积"面板中的"房间"命令，如图14－27所示。默认已经选中了"修改|放置 房间"上下文选项卡下标记面板中的"在放置时进行标记"，单击每一个需要标记的房间，如图14－28所示。双击"房间"名称，按照要求修改房间名称，如图14－29所示。

图　14－27

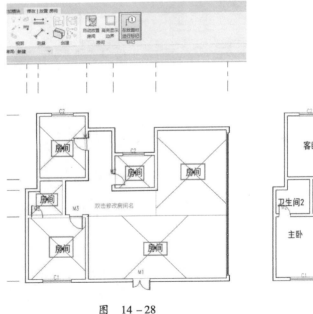

图　14－28

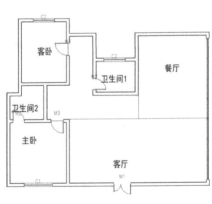

图　14－29

3）放置餐桌。

①单击"建筑"选项卡下"构件"下拉列表中的"放置构件"命令，发现"类型选择器"中没有相应的家具族，此时需要手动载入。以餐桌为例，单击"载入族"命令，浏览"房间练习"配套族库文件夹。选择"餐桌"，单击"打开"，如图14－30所示。

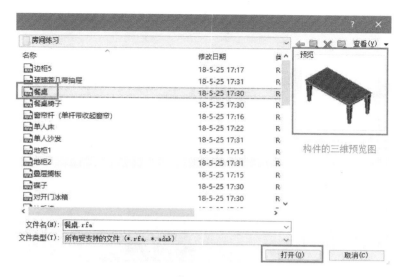

图 14-30

②单击"建筑"选项卡下"构件"面板下拉列表中的"放置构件"命令，默认放置最新载入的"餐桌"构件，将鼠标指针悬停在"餐厅"内，餐桌将以预览形式出现，按〈空格键〉调整"餐桌"的方向，单击左键将"餐桌"放置到餐厅中，可以利用临时尺寸标注将模型放置在合适的位置，如图14-31所示。

4）放置装饰。

①采取和上步相同的方法在配套族库中找到"艺术花瓶"，选择"艺术花瓶"，单击"打开"，如图14-32所示。

图 14-31

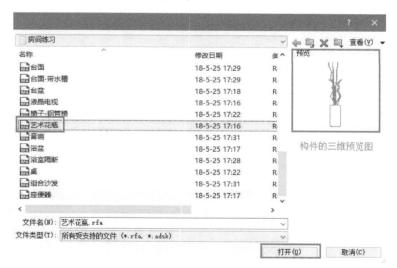

图 14-32

②餐桌高750mm，所以为了将花瓶放置在餐桌上，在"属性"界面将"艺术花瓶"的"偏移"输入为"750"，在餐桌上单击，完成花瓶的放置，如图14-33、图14-34所示。依次将剩余的家具添加到模型中，完成的效果如图14-35所示。

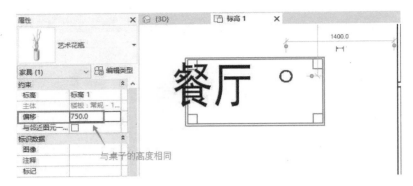

图　14 – 33

图　14 – 34

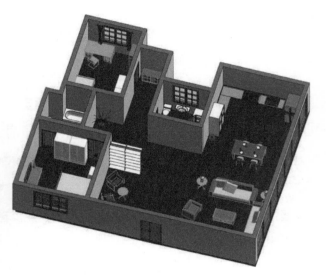

图　14 – 35

 注意：不同的族有可能基于不同的主体，比如，基于墙的构件需要拾取墙放置在墙上，否则无法放置。

第 3 部分　定制化建模

PART 03

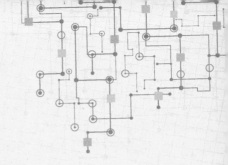

第 15 章 族

技能要求：

○ 掌握创建三维构件的基本命令
○ 能够根据要求创建实心形状和空心形状来做不同造型

第 1 节 族的概念

在 Revit 软件中，无论是三维实体还是二维图元都被叫作"族"。族的概念至关重要，所有的项目都是由"族"一点一点搭建而成的，族分为三类：内建族、系统族和可载入族。

1.1 内建族

1. 内建族的概念

在 Revit 软件中，内建族是在项目环境中可以直接制作建筑构件的自定义族，它是 Revit 软件中的重要组成部分。

2. 应用范围

如图 15 - 1 所示，内建族的应用范围主要有以下几种：

1）表面或形体不规则的墙体。

2）独特或不常见的几何图形，如花架或景观小品。

3）不需要重复利用的自定义构件。

4）需要参照项目中的其他构件的几何图形。

图　15 - 1

1.2 系统族

1. 系统族的概念

系统族在 Revit 中已预定义保存在样板中，系统族无法创建，但系统族可以通过修改、复制出新的族类型，来方便工程师自定义。系统族中至少应包含一个系统族类型，除此以外的其他系统族类型都可以删除。系统族类型可以在项目和样板之间复制、粘贴或者通过传递项目标准进行传递。

2. 系统族范围

系统族包括基本建筑图元，如墙、屋顶、天花板、楼板及楼梯等，也包括项目设置、标高、轴网、图纸和视图等图元类型。

3．查看系统族

例如，选择建筑样板新建一个项目，在项目浏览器中展开"族"分组，点开"墙"类别，即可观察系统族"墙"的族类型。不同样板自带的系统族数量、属性各有不同，但是每个系统族至少要保留一个类型。

1.3 可载入族

1．可载入族的概念

可载入族具有高度可自定义的特点，因此可载入族是在 Revit 软件中最经常创建和修改的族。可载入族除了可以载入到项目中使用以外，也可以将族载入其他族中（嵌套族），来组合、创建新的族，通过将现有族嵌套在其他族中，可以节省建模时间。

2．应用范围

1）建筑构件：门、窗、家具和植物等。
2）结构构件：梁、柱、钢筋形状和独立结构基础等。
3）系统构件：锅炉、热水器、空气处理设备和卫浴装置等。
4）注释图元：符号、标记、标题栏等。

第 2 节 创建族

2.1 选择族样板

与建立项目一样，创建族也需要有族样板，不同的族样板中包含不同的框架设置以方便创建不同类别的族，可参考表 15 – 1 来选择不同类别的族样板。

表 15 – 1

族样板分类	可选择的样板类型
二维族	详图项目
	轮廓
	注释
	标题栏
需要特定功能的三维族	栏杆
	结构框架
	结构桁架
	钢筋
	基于图案
有主体的三维族	基于墙
	基于天花板
	基于楼板
	基于屋顶
	基于面

（续）

族样板分类	可选择的样板类型
没有主体的三维族	基于线
	独立（基于标高）
	自适应样板
	基于两个标高（柱）

公制常规模型族样板是一个比较通用的族样板，里面包含了一些做族的通用属性设置。接下来以公制常规模型族样板进行族使用有关内容的讲解。在启动界面中单击族位置处的新建选项，在弹出的对话框中选择"公制常规模型"族样板，如图 15－2 所示。

图　15－2

族环境的界面和项目环境的界面主要是选项卡和命令的不同，相比较而言族环境下命令较少，不同之处主要体现在"创建"选项卡，如图 15－3 所示。

图　15－3

2.2 族类别和族参数

1. 族类别的概念

族类别的选择决定该族在 Revit 软件中如何分类，会影响族载入到项目后所处的位置。在 Revit 软件中族的分类会影响到族的显示样式及线型的设置，所以在做族之前要想好所做的族属于什么类别，才能将族进行合理分类。

单击"创建"选项卡下"属性"面板中的"族类别和族参数"命令，即可弹出"族类别和族参数"对话框，如图 15－4 所示。

图 15-4

在该对话框中可修改对应的族类别，例如，如果将创建成功的族的类别选择为柱，如图 15-5 所示，则在项目中使用该族时，应该去"柱"命令下选择"柱：建筑"命令，在"类型选择器"中查找刚刚载入的族。

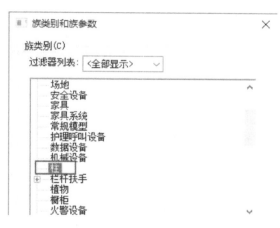

图 15-5

2. 族参数的概念

族参数是应用于该族中所有类型的属性，不同的类别具有不同的族参数。

如图 15-6、图 15-7 所示常见族参数示例。

1）总是垂直：勾选该选项时，该族总是显示为垂直，即 90°。即使该族放置于倾斜的构件上，也是显示为垂直。

2）基于工作平面：勾选该选项时，族以当前工作平面为主体。可以使无主体的族成为基于工作平面的族，例如创建一个柱，设置坡道坡面为工作平面，载入前勾选此参数，可创建出倾斜的柱。

3）共享：仅当族嵌套到另一族内并载入到项目中时才勾选此参数。如果嵌套族勾选此参数，则可以从主体族中独立选择和独立标记，同时也可以用明细表统计到该族。如果嵌套族不勾选此参数，则主体族和嵌套族创建的构件仅作为一个构件载入到项目中。

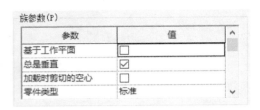

图　15-6

图　15-7

2.3　族类型

通过"族类型"工具，可以为族创建多个类型。每个族类型都有相同的一组属性（参数），但不同族类型可设置不同的属性数值。

1）单击"创建"选项卡下"属性"面板中"族类型"命令，如图 15-8 所示。

2）如图 15-9 所示，在弹出的"族类型"面板中单击"新建类型"，即可创建新的族类型。

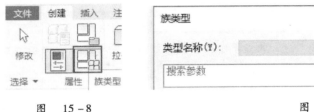

图　15-8

图　15-9

3）如图 15-10 所示，在弹出的"名称"对话框中可命名该类型的名称，默认为"类型1"，完成后可再次重复此步骤创建更多的族类型。

图　15-10

2.4　实心形状

1. 拉伸

拉伸是通过拉伸二维轮廓来创建三维实心形状的命令。要创建单个实心形状，应绘制一个闭合轮廓。要创建多个形状，应绘制多个不相交的闭合轮廓。

1）进入"参照标高"视图，单击"创建"选项卡中"形状"面板内的"拉伸"命令，如图 15-11 所示。

图　15-11

2）在弹出的"修改 | 创建拉伸"上下文选项卡中，选择"外接多边形"绘制方式绘制如图 15-12 所示的正六边形。

3）在"属性"面板中通过修改"拉伸终点"或"拉伸起点"的数值，可以确定最终拉伸高度，两个数值的高度均从当前"工作平面"开始计算。如图 15 - 13 所示，绘制完成后模型实际高度为 250mm。

4）完成后单击"√"即可完成绘制，进入三维视图中观察模型，结果如图 15 - 14 所示。

| 图　15 - 12 | 图　15 - 13 | 图　15 - 14 |

　注意：

　　1）起点和终点数值可以是负数值，但不可相等。

　　2）在草图模式中，在选项栏的"深度"文本框中输入数值，同样可以改变拉伸高度，如图 15 - 15 所示。

图　15 - 15

2. 融合

与拉伸不同，融合必须在两个平行端面绘制闭合轮廓，且每个端面中只允许绘制一个闭合轮廓。绘制完成后软件会自动计算相连位置让两个草图自动"融合"，成为一个三维实体。

图　15 - 16

1）进入"参照标高"视图，单击"创建"选项卡中"形状"面板内的"融合"命令，如图 15 - 16 所示。

2）在弹出的"修改｜创建融合底部边界"上下文选项卡中，"绘制"面板内选择"外接多边形"绘制如图 15 - 17 所示的八边形；然后单击"编辑顶部"命令，选择"外接多边形"绘制如图 15 - 18 所示的十六边形。

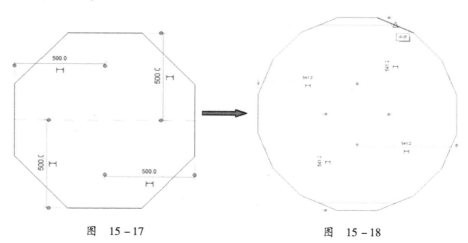

| 图　15 - 17 | 图　15 - 18 |

3）完成后单击"√"即可完成绘制，进入三维视图中观察模型，结果如图 15 – 19 所示。

4）在属性面板中，"第二端点"与"第一端点"的数值分别定义融合形状的顶部与底部相对于工作平面的距离，如图 15 – 20 所示。

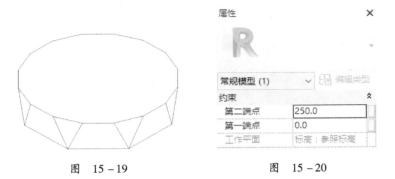

图 15 – 19

图 15 – 20

3. 旋转

旋转是一个或多个不相交的闭合轮廓围绕轴线旋转创建形状的命令。

1）进入"参照标高"视图，单击"创建"选项卡中"形状"面板内"旋转"命令，如图 15 – 21 所示。

2）在弹出的"修改｜创建旋转"上下文选项卡中"绘制"面板内选择"轴线"分组，在默认的参照平面上使用"线"或"拾取线"命令绘制轴线，如图 15 – 22 所示。

图 15 – 21

图 15 – 22

3）选择"绘制"面板内"边界线"分组，绘制出半径为 2000mm 的半圆，其中直线部分与轴线重合，如图 15 – 23 所示。

4）完成后单击"√"即可完成绘制，进入三维视图中观察模型，结果如图 15 – 24 所示。

5）返回"参照标高"平面视图，双击模型进入编辑状态，可将与轴线重合部分边界线向右侧移动 400mm，如图 15 – 25 所示。

图 15 – 23

图 15 – 24

图 15 – 25

6）单击"√"即可完成绘制，进入三维视图中观察模型，结果如图15-26所示。

7）在属性面板中修改"结束角度"和"起始角度"的数值可以控制旋转的角度，两个角度数值均从工作平面开始计算，如图15-27所示。

图　15-26　　　　　　　　　图　15-27

 注意：

1）边界线部分可与轴线相交且重合，若覆盖或超过轴线，软件会弹出"无法创建形状"以提示模型的相交，如图15-28所示。

2）轴线仅作为旋转轴线使用，不能代替边界线。

4. 放样

放样是创建或选择一个轮廓并沿绘制或拾取的路径放样此轮廓的命令。

1）进入"参照标高"视图，单击"创建"选项卡中"形状"面板内"放样"命令，如图15-29所示。

图　15-28　　　　　　　　　图　15-29

2）在弹出的"修改｜创建放样"上下文选项卡中"放样"面板内选择"绘制路径"命令，如图15-30所示。

3）在弹出的"修改｜创建放样>绘制路径"上下文选项卡中"绘制"面板内选择"线"绘制长度为2000mm的路径，绘制结果如图15-31所示。

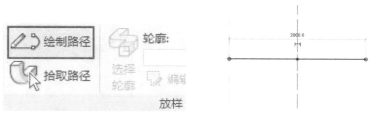

图　15-30　　　　　　　　　图　15-31

4）完成后单击"√"，再单击"放样"面板内"编辑轮廓"命令，如图 15-32 所示。

5）在弹出的"转到视图"对话框中选择"立面：右"视图，如图 15-33 所示。

图 15-32   图 15-33

6）进入立面后，选择"外接多边形"绘制如图 15-34 所示的八边形。完成后点击"√"两次，即可完成绘制。进入三维视图中观察模型，结果如图 15-35 所示。

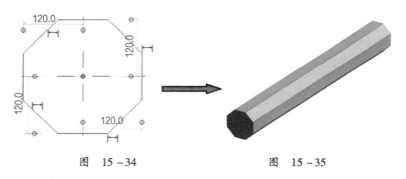

图 15-34   图 15-35

7）重复上述步骤进入放样命令，选择"拾取路径"命令，如图 15-36 所示。进入三维视图拾取放样模型的模型边，拾取结果如图 15-37 所示。

8）单击"编辑轮廓"命令，绘制半径为 60mm 的圆，完成后结果如图 15-38 所示。

图 15-36   图 15-37   图 15-38

9）勾选属性面板中"其他"分组内"轨线分割"属性，当路径为绘制/拾取的弧线时，则可按照"最大线段角度"中设置的角度来分段放样，如图 15-39 所示为创建的分段式放样。

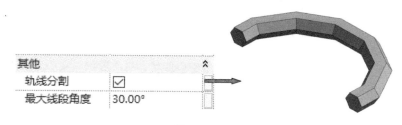

图 15 - 39

注意：
　　1）绘制路径可以是封闭的，也可以是不封闭的，但不允许有多段路径。
　　2）轮廓可自行设计，也可载入轮廓族使用。
　　3）拾取路径制作的形状可以跟随被拾取边界的模型的长度及位置变化。
　　4）绘制路径只能创建二维路径，拾取路径可拾取三维模型的边来创建三维路径。

5. 放样融合

　　放样融合相当于将放样与融合两个命令结合到一起，通过绘制首尾两个不同的封闭轮廓线，沿放样路径逐渐融合而成。

　　1）进入"参照标高"视图，单击"放样融合"命令，如图 15 - 40 所示。

　　2）选择"绘制路径"命令，绘制如图 15 - 41 所示半径为 2000mm 的路径。

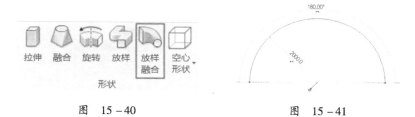

图　15 - 40　　　　　　　　　图　15 - 41

　　3）完成后单击"选择轮廓 1"命令，再单击"编辑轮廓"命令，在弹出的对话框中选择任意视图面绘制如图 15 - 42 所示的八边形，完成后单击"√"。单击"选择轮廓 2"命令，再单击"编辑轮廓"命令，选择任意视图绘制如图 15 - 43 所示的十六边形。

　　4）完成后点击"√"两次完成此次绘制，进入三维视图查看模型，结果如图 15 - 44 所示。

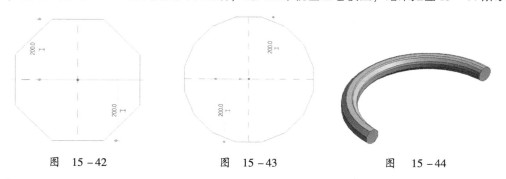

图　15 - 42　　　　　　　图　15 - 43　　　　　　　图　15 - 44

注意：融合形状出现的模型边线是由轮廓线条的交接处决定的，如果轮廓线条被打断则会多出对应打断处的模型边线。

2.5 空心形状

"空心形状"命令可以创建与实心形状对应的空心形状,空心形状与实心形状互相剪切,可以形成更加丰富的造型。

在"创建"选项卡下,可单击"形状"面板中的"空心形状"下拉菜单中的几个空心创建命令,以创建空心形状,如图 15-45 所示。所有空心形状命令与对应的实心形状命令绘制方式一致。

 注意:如图 15-46 所示,所有形状均可通过属性面板中"实心/空心"来控制形体的空心和实心转换。

图 15-45   图 15-46

2.6 布尔运算

Revit 的布尔运算方式主要有"连接"和"剪切"两种。可在"修改"选项卡中"几何图形"面板内找到相关的命令,如图 15-47 所示。

1)"连接"命令适用于在多个实心形状之间创建连接关系,如图 15-48 所示,当两个模型有部分重叠时,可使用"连接"命令使两个实心形状实现布尔加。如图 15-49 所示,单击"连接"命令下"取消连接几何图形"命令,任意单击一个连接状态下的实心模型即可返回未连接状态。

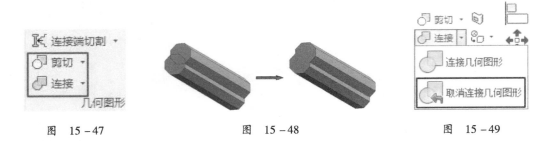

图 15-47   图 15-48   图 15-49

2）"剪切"命令可令空心形状与实心形状重叠的位置发生剪切。一般情况下，完成空心形状绘制后，实心与空心形状的相交区域会自动剪切；但绘制的空心形状完成时如与实心形状无重叠部分，再调节位置使两个形状重合，也不会自动剪切，此时需单击"剪切"命令，再依次单击两个形状即可完成"布尔剪"，过程如图 15 - 50 所示。单击"剪切"命令下"取消剪切几何图形"命令，如图 15 - 51 所示，依次单击需要取消剪切的实心形状与空心形状即可返回未剪切状态。

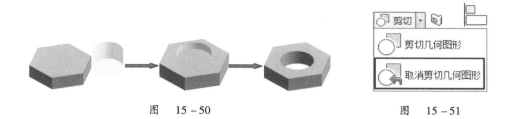

图　　15 - 50　　　　　　　　　　图　　15 - 51

 注意：

1）使用"连接"命令后，首先被单击到的图元的材质会将后一个被单击到的图元修改为相同材质。

2）使用"连接"命令单击两个无重叠部分的形状也有连接的效果。连接完成后，单击其中一个形状时，只能选择其中一个图元，使用"切换选择"命令（〈Tab〉键）时可同时选中两个形状，该功能在未连接状态下无法使用。

第 3 节　课后练习

3.1　理论考试练习

1．Revit 中下列关于族的分类正确的是（　　　）。
　　A．系统族、注释族、内建族　　　　　　　B．系统族、可载入族、内建族
　　C．系统族、可载入族、三维族　　　　　　D．注释族、可载入族、内建族

2．（　　）族样板最适合用来创建吸顶灯族。
　　A．公制常规模型　　　　　　　　　　　　B．基于墙的公制常规模型
　　C．基于天花板的公制照明设备　　　　　　D．基于面的公制常规模型

3．以下说法正确的是（　　　）。
　　A．用"按类别标记"标记墙体时显示为"?"是因为缺少字体
　　B．双击墙体标记任意位置可对标记的文字进行更改
　　C．所有标记都可以通过"选中标记→单击文本→修改文本"的方式修改标记显示的内容
　　D．可以通过"选中标记→编辑族→选择标签→编辑标签"的方式来定义标记显示的内容

4．以下说法正确的是（　　　）。
　　A．不能创建放样的原因可能是产生了自相交

B. 不能创建拉伸的原因一定是拉伸太细

C. 不能创建旋转的原因一定是没有绘制旋转轴

D. 不能创建融合的原因可能是底部轮廓比顶部轮廓小

5. 以下关于族的说法错误的是（　　）。

A. 对于基于主体的族而言，只有存在与其主体类型对应的图元时，才能放置到项目中

B. 独立样板用于不依赖于主体的构件

C. 通过独立样板创建的构件可以放置在模型中的任何位置

D. 使用基于线的样板只可以创建通过采用两次点击的方式放置的模型族

6. 关于族样板以下说法正确的是（　　）。

A. 二维族包括：详图项目、轮廓、注释、标题栏

B. 栏杆是基于主体的三维族

C. 通过基于面的公制常规模型创建的是没有主体的三维族

D. 通过基于线的公制常规模型创建的是有主体的三维族

3.2　实操考试练习：创作"业精于勤"挂画

根据所给图 15-52～图 15-55 创作"业精于勤"挂画。挂画中文字为模型文字，大小为 150mm，高度为 2mm；画框截面轮廓中圆角半径为 5mm；指定模型材质为：画框（樱桃木）、背板（刨花板）、模型文字（黑色）、中央纸（灰色纸）、周边纸（白色纸）。未给定信息可自取合理值，完成后以"业精于勤"为文件名保存。

图 15-52　三维图

图 15-53　俯视图

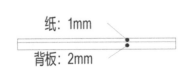

图 15-54　中部板位置缩略图

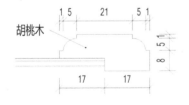

图 15-55　画框截面

案例解析

1）据题分析，对族无特殊属性要求，使用"公制常规模型"族样板即可创建。

2）据题分析，需要制作画框、背板、文字、纸（中央）、纸（周边），共计 5 个模型。可用"拉伸"命令创建：背板、纸（中央）、纸（周边）；可用"放样"命令创建画框；可用"模型文字"创建文字。

3）根据以上分析，打开"公制常规模型"族样板来创建族，然后首先使用"拉伸"命令依次创建：背板、纸（中央）、纸（周边），继续使用"放样"命令创建画框，再使用模型文字创建对应要求的模型文字并放置，最后依次为每个形状赋予指定的材质。

4）全部完成之后按要求名称进行保存。

操作步骤

1）选择"公制常规模型"族样板创建族，在"参照标高"视图中单击"创建"选项卡中"拉伸"命令，绘制如图 15 – 56 所示尺寸为 1600mm × 800mm 的边界线。

2）如图 15 – 57 所示，将属性栏中限制条件列表内"拉伸终点"的值修改为"2"，完成背板创建。

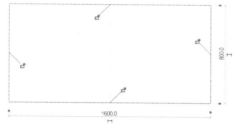

图　15 – 56　　　　　　　　　　　　图　15 – 57

3）重复上一步骤，分别绘制两个拉伸尺寸及高度，如图 15 – 58 ～ 图 15 – 60 所示，完成纸的创建。

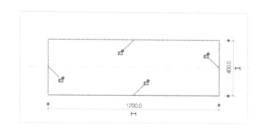

图　15 – 58　　　　　　　　　　　　图　15 – 59

4）单击"放样"命令，使用"拾取路径"拾取如图 15 – 61 所示路径，完成路径编辑。

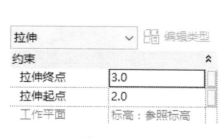

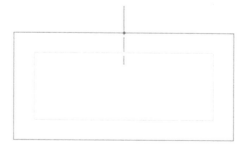

图　15 – 60　　　　　　　　　　　　图　15 – 61

5）单击"编辑轮廓"命令，选择合适的视图绘制如图 15 – 62 所示轮廓，完成后点击两次"√"完成放样编辑。

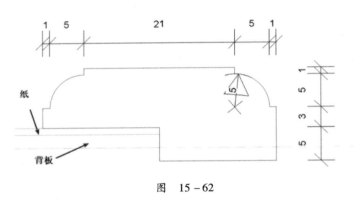

图 15 - 62

6）进入三维视图，再单击"创建"选项卡下"工作平面"面板中"设置"命令，在弹出的对话框中选择"拾取一个平面"选项，并单击"确定"，如图 15 - 63 所示。拾取中间拉伸形状的上表面为工作平面，如图 15 - 64 所示。

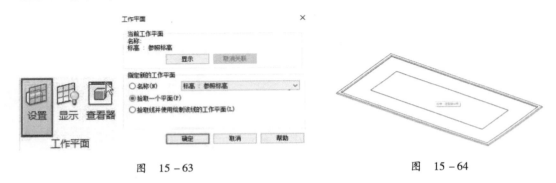

图 15 - 63   图 15 - 64

7）如图 15 - 65 所示，在"创建"选项卡下单击"模型文字"命令。在弹出的"模型文字"对话框中输入"勤于精业"四字，如图 15 - 66 所示，再单击"确定"，在如图 15 - 67 所示位置放置文字。

图 15 - 65

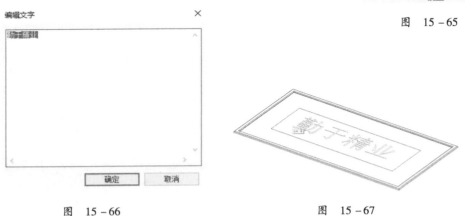

图 15 - 66   图 15 - 67

8）单击选择放置好的模型文字，修改"深度"的值为"2"，如图 15 - 68 所示。再单击"编辑类型"，在弹出的"类型属性"对话框中修改文字字体为准备好的"经典繁行书"（字体在配套文件中，按说明使用即可），如图 15 - 69 所示。

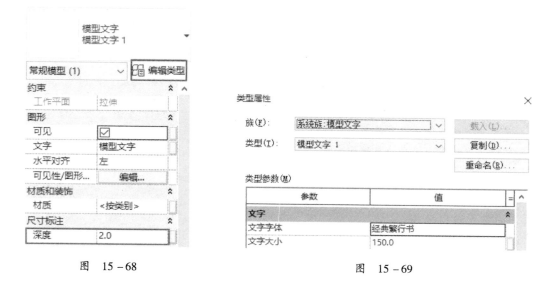

图　15-68　　　　　　　　　　　　　　　图　15-69

9）进入三维视图选择模型，分别指定对应材质为：樱桃木、刨花板、黑色、白色纸（周边）、灰色纸（中央），完成后如图15-70所示。

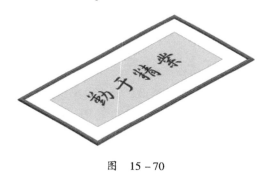

图　15-70

10）完成后单击"保存"命令，输入指定名称"业精于勤"，单击"确定"完成创建。

第 16 章　内建模型

技能要求：

○ 掌握将内建模型传递到其他项目的方法

○ 能够将内建模型保存为单独的文件

第1节　保存与载入内建模型

内建模型的创建方式，可以参考"第15章 族"，同样有拉伸、融合、旋转、放样、放样融合，以及对应空心模型的创建。但内建模型不可以创建二维族，比如符号族、注释族，本章主要介绍内建模型的保存与载入。

在"建筑"选项卡下"构建"面板中，单击"构件"下拉菜单中"内建模型"命令，如图 16 - 1 所示，弹出"族类别和族参数"对话框，选择相应族类别后，单击"确定"，如图 16 - 2 所示，弹出"名称"对话框，可以对即将创建的族进行命名，单击"确定"，如图 16 - 3 所示，进入内建模型绘制环境。

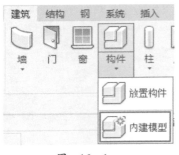

图　16 - 1

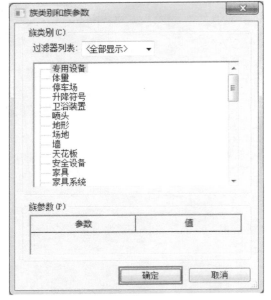

图　16 - 2

图　16 - 3

内建模型无法保存为单独的族文件。如果其他项目也需使用当前项目的内建模型时，则可通过两种方式进行内建模型的传递。

选择"建筑样板"新建两个项目，分别命名为项目 A 和项目 B。在项目 A 中，绘制一个矩形内建模型，如图 16 - 4 所示。

1. 利用"剪贴板"复制

打开项目 A，选中绘制的内建模型，单击"修改｜常规模型"选项卡下"剪贴板"面板中"复制到剪贴板"命令，完成模型复制，如图 16 - 5 所示。

打开项目 B，单击"修改"选项卡下"剪贴板"面板中"粘贴"下拉菜单中的"从剪贴板粘贴"命令，如图 16 - 6 所示，再单击需要放置模型的位置，完成内建模型的传递。

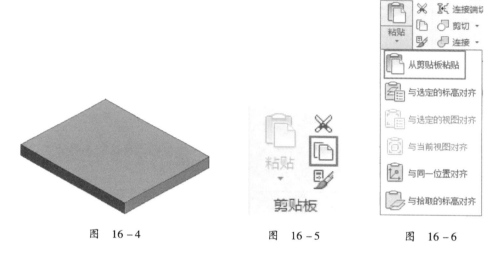

图 16 - 4　　　　图 16 - 5　　　　图 16 - 6

 注意：项目 A 和项目 B 需在同一软件窗口中打开，方可传递。

2. 利用"创建组"命令载入

打开项目 A，选中绘制的内建模型，单击"修改｜常规模型"选项卡下"创建"面板中"创建组"命令，如图 16 - 7 所示，弹出"创建模型组"对话框，如图 16 - 8 所示，可以对组进行命名（命名原则简洁易懂即可），单击"确定"完成模型成组。

图 16 - 7

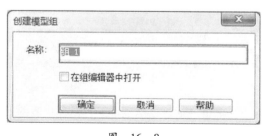

图 16 - 8

在"项目浏览器"面板中，找到创建的组，如图 16 - 9 所示，鼠标右键单击"组 1"，选择"保存组"，如图 16 - 10 所示。

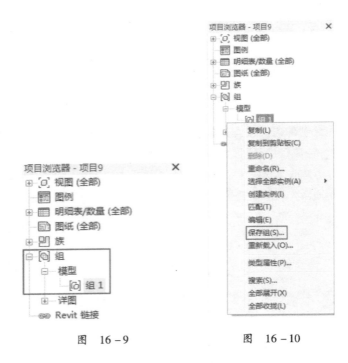

图 16－9　　　　　　　　图 16－10

弹出"保存组"对话框，选择要保存的位置，可以修改文件名，默认与组名相同，单击"保存"完成内建模型组的保存，如图 16－11 所示。

图 16－11

打开项目 B，单击"插入"选项卡下"从库中载入"面板中"作为组载入"命令，如图16－12所示，弹出"将文件作为组载入"对话框，找到之前保存的组文件，单击"打开"，完成组的载入。

可以在项目浏览器中找到载入的组文件，如图 16－13 所示，用鼠标左键拖拽红色框选位置至绘图区域进行放置，即完成内建模型的载入。

图 16－12

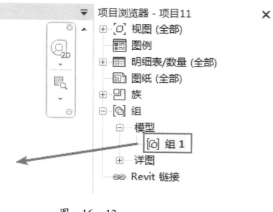

图 16－13

第2节　课后练习

1. 以下说法错误的是（　　　　）。

 A. 内建模型无法在项目之间进行传递

 B. 不能通过复制内建族的族类型来创建新的族类型

 C. 内建模型随项目文件一并保存

 D. 通过在位编辑可以实现内建族的二次编辑

2. 下列关于"内建模型"说法正确的是（　　　　）。

 A. 内建模型创建模型时，可以使用"弯曲"命令将模型在 XYZ 三个方向进行弯曲

 B. 使用"内建模型"创建模型时，不可添加参数

 C. 使用"内建模型"创建模型时，项目中已有模型不显示在视图中

 D. 以上说法均不正确

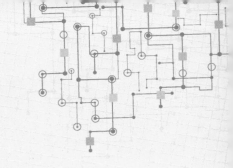

第 **17** 章 体量

技能要求：

- 掌握体量创建及编辑
- 能够运用实心和空心形状创建出不同的设计造型

第 1 节　内建体量

体量通常用于建筑设计阶段的形状推敲，其相对于可载入族更加灵活自由，原理为，线动成面、面动成体。体量也是族的一种表现形式，分为"内建体量"和"概念体量模型"。

1.1　创建体量

选择"建筑样板"新建一个项目，单击"体量和场地"选项卡下"概念体量"面板中的"内建体量"命令，如图 17-1 所示。

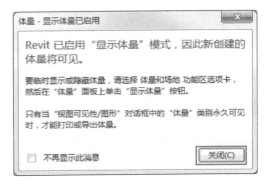

图　17-1

默认体量在项目中不可见，当创建内建体量时，系统会提示启用可见性，故弹出"体量—显示体量已启用"对话框，此处可单击"关闭"即可，如图 17-2 所示。

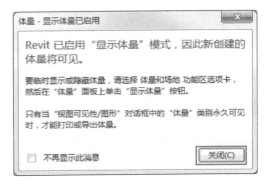

图　17-2

注意：如果打开其他含体量的项目，但看不到体量模型，此时需要单击当前视图属性中"可见性/图形替换"的"编辑"命令，在弹出的对话框中，勾选"体量"选项，单击"确定"即可看到体量模型。此操作仅适用于当前视图，转换到其他视图，需要重复设置体量的可见性。

如图 17-3 所示，在弹出的"名称"对话框中，对体量进行命名。单击"确定"，进入内建体量环境，如图 17-4 所示。

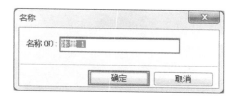

图　17-3

图　17-4

体量中虽然没有直接提供形状创建的命令，但是可以通过绘制线和创建形状完成可载入族中几种创建形状的命令。接下来进入"标高一"视图，讲解体量环境下形状创建的几种命令。

1. 创建形状——拉伸

在绘制面板选择模型线中的"内接多边形"命令，绘制任意大小的六边形，如图 17-5 所示。

选中所绘制的六边形，单击"形状"面板中"创建形状"下拉菜单中的"实心形状"，将六边形创建实心形状为六棱柱，如图 17-6、图 17-7 所示。

图　17-5　　　　　图　17-6　　　　　图　17-7

注意：选择六边形时需注意，将六条边全部选中，否则不能生成实心形状，会将选择的边拉伸生成面。

2. 创建形状——融合

在绘制面板选择模型线中的"内接多边形"命令，绘制任意大小的六边形，创建参照平面找到其中心位置，如图 17-8 所示。

进入"标高二"视图，以参照平面交点为中心绘制比上步稍大的六边形。绘制完成后进入三维视图查看，如图 17 - 9 所示。

框选两个六边形，单击"形状"面板中"创建形状"下拉菜单中的"实心形状"命令，完成体量的融合创建，如图 17 - 10 所示。

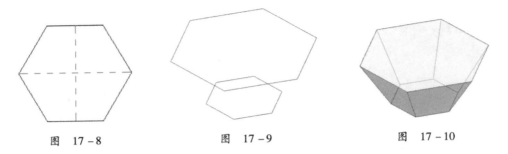

图　17 - 8　　　　　　　图　17 - 9　　　　　　　图　17 - 10

3. 创建形状——旋转

选择模型线，在绘图区域任意位置绘制两条平行但长短不一的线，如图 17 - 11 所示。

选中两条线，单击"形状"面板中"创建形状"下拉菜单中的"实心形状"，在所绘制的线下方，会出现三种创建形状方式选项，如图 17 - 12 所示。

1）从左向右第一个表示 B 线以 A 线为轴进行旋转，形成形状如图 17 - 13 所示。

2）从左向右第二个表示 A 线以 B 线为轴进行旋转，形成形状如图 17 - 14 所示。

3）从左向右第三个表示 A 线、B 线共同形成一个面，如图 17 - 15 所示。

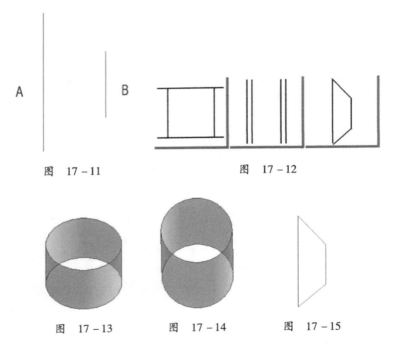

图　17 - 11　　　　　　　　　　　图　17 - 12

图　17 - 13　　　　图　17 - 14　　　　图　17 - 15

4. 创建形状——放样

在绘图区域绘制长 5000mm、宽 5000mm 的矩形，并在矩形右边线上任意位置放置一个参照点，如图 17 - 16所示。

单击"修改"选项卡下"工作平面"面板中"设置"命令,弹出"工作平面"对话框,选择"拾取一个平面",单击"确定",进入拾取工作平面的状态,如图 17-17 所示。用鼠标左键单击参照点,此时会弹出"转到视图"对话框,在此选择"立面:北",再单击"打开视图"。

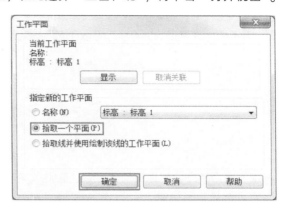

图 17-16   图 17-17

进入北立面视图,在参照点位置绘制如图 17-18 所示尺寸图形。绘制完成后三维视图如图 17-19 所示。

选中所绘制的两个轮廓,单击"形状"面板下"创建形状"下拉菜单中的"实心形状",完成放样体量形状的创建,进入三维视图查看模型真实效果如图 17-20 所示。

图 17-18   图 17-19   图 17-20

5. 创建形状——放样融合

在绘图区域绘制一条弧形线,选择点图元分别放置在首、尾、中间位置,如图 17-21 所示。

进入三维视图中,单击"工作平面"面板中"设置"命令,选择中间点设置为工作平面,绘制一个六边形。另外两个端点,以同样的方式绘制同样大小的圆形,如图 17-22 所示。

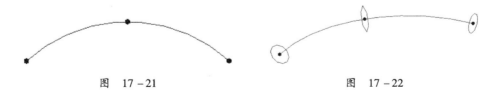

图 17-21   图 17-22

选中所绘制的三个轮廓和一条路径,单击"形状"面板中"创建形状"下拉菜单中的"实心形状",完成放样融合体量形状的创建,如图 17-23 所示。

如果要创建空心形状的话,前面的步骤均相同,在最后单击"形状"面板中"创建形状"下拉菜单中的"空心形状"即可。空心体量可以与实心体量互相剪切,布尔运算操作参考"第 15 章 族"相关章节。

图 17-23

1.2 修改内建体量

内建体量完成绘制后，将鼠标指针放置在体量上，可以选中所创建体量形状，通过〈Tab〉键切换，选中线和面，并单击"创建形状"命令，可以在它的基础上再次创建面和形状，如图17-24所示。

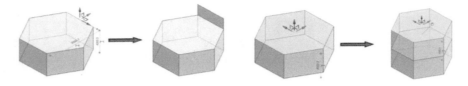

图 17-24

除可再次创建形状外，创建出的点、线、面均可再次编辑。以面为例：选中之后，会出现代表不同方向的三个箭头，如图17-25所示。通过鼠标指针拖拽箭头，可以改变体量的形状，如图17-26所示。

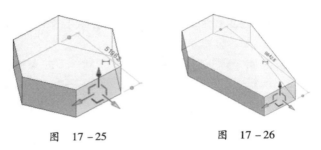

图 17-25   图 17-26

选中体量后，在"修改｜形式"选项卡下会出现"模式"面板、"分割"面板等，如图17-27所示。

图 17-27

单击"模式"面板中"编辑轮廓"命令，可对创建的形状轮廓进行编辑，如图17-28所示。

在选中面和形状的情况下，会出现"分割"面板。单击"分割"面板中的"分割表面"命令：①在选中面的情况下，会对所选中的面进行分割；②在选中整个形状的情况下，会对形状的所有表面进行分割，如图17-29所示。

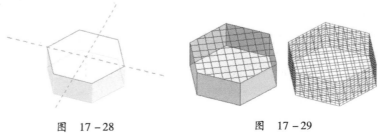

图 17-28   图 17-29

分割完成后，选中体量的一个面，可以对这个面的实例属性进行修改，选择不同的填充图案，还可以对其中的网格进行修改，如图 17-30 所示。

U 网格和 V 网格分别表示两个不同方向的网格线，在 U 网格和 V 网格栏下：

1）布局：单击"布局"下拉菜单，可以选择"无""固定距离""固定数量""最大间距""最小间距"等模式，类似幕墙网格的划分方式，如图 17-31 所示。

2）编号：控制相对应方向网格线的数量。

①固定距离：可以指定网格间距，来调整网格的数量。

②固定数量：可以指定网格数量，来调整网格的间距。

3）对正：单击"对正"下拉菜单，可以选择"起点""中心""终点"，如图 17-32 所示。

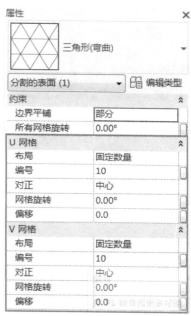

图 17-30

图 17-31

图 17-32

4）网格旋转：输入相应的度数，可以使相对应方向的网格线旋转对应的角度。

5）偏移：输入数值，使相对应方向的网格偏移一定的距离。

第2节 新建概念体量

概念体量和内建体量的区别在于绘制环境的不同，内建体量的绘制环境为工程项目环境，而概念体量的绘制环境为概念体量族样板环境。概念体量可以保存为独立的族文件。概念体量的形状创建和内建体量的形状创建是一样的。本节主要讲解概念体量相对内建体量的不同之处。

1. 概念体量环境

在启动界面中"族"下方单击"新建概念体量模型"，会弹出"新概念体量-选择样板文件"对话框，选择"公制体量 . rft"，如图 17-33 所示。单击"打开"，跳转到概念体量操作界面，如图 17-34 所示。

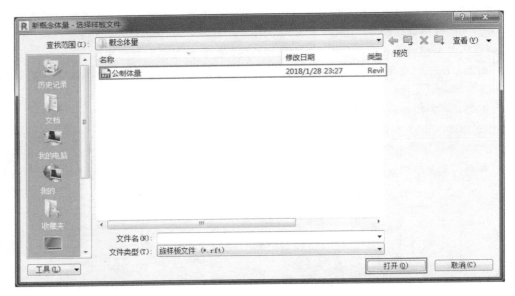

图 17-33

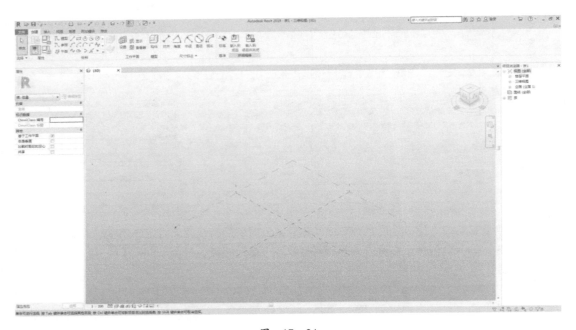

图 17-34

2. 标高的创建

概念体量中也存在标高。与内建体量不同，内建体量的标高根据项目的标高而定，概念体量的标高可以在绘制体量时自行设置，载入到项目中，体量标高会隐藏，不会对项目产生影响。

在三维视图中，单击"创建"选项卡下"基准"面板中的"标高"命令，如图 17-35 所示，也可选中"标高一"平面，通过"复制"命令实现标高的复制。高度可以根据临时尺寸标注进行修改，如图 17-36 所示。也可以在立面视图中，通过绘制或复制原有标高来实现标高的新建。

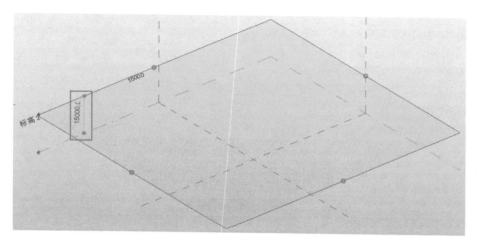

图　17 - 35

图　17 - 36

第 3 节　课后练习

3. 1　理论考试练习

1. 在体量环境中，下列关于图元的可见性说法错误的是 (　　)。

　A. 模型文字在三维视图中可见　　　　B. 空心形状在三维视图中可见

　C. 模型线在三维视图中可见　　　　　D. 参照平面在三维视图中不可见

2. 在体量环境中关于布尔运算以下说法正确的是 (　　)。

　A. 空心形状可以与实心形状剪切，实心形状不能与空心形状剪切

　B. 空心形状可以与空心形状剪切

　C. 实心形状可以与实心形状剪切，也可以与空心形状剪切

　D. 实心形状不能与实心形状剪切

3. 利用公制体量族样板生成模型时，以下说法正确的是 (　　)。

　A. 参照平面在三维视图中不可见　　　B. 参照线在三维视图中不可见

　C. 标高在三维视图中可见　　　　　　D. 以上均正确

4. 关于内建体量以下说法正确的是 (　　)。

　A. 新创建的空心形状会自动剪切实心几何图形　　B. 实心形状无法剪切实心形状

　C. 单个空心形状无法完成体量的创建　　D. 新创建的空心形状会自动剪切空心几何图形

3.2 实操考试练习：创建"东方之门"模型

根据图 17-37、图 17-38 尺寸绘制"东方之门"模型，未注明尺寸之处可自取合理值（使用内建体量创建）。

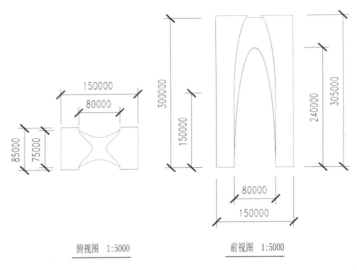

图 17-37

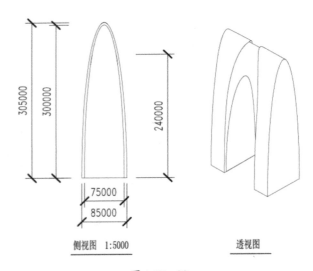

图 17-38

案例解析

1）据题分析，需要使用内建体量绘制模型，而非概念体量。

2）据题分析，体量高度和宽度及椭圆半径等信息可从图中标注得到，模型内外厚度不一致。

3）需要先完成外部形状，用大空心形状将其剪切，再创建内部形状，用小空心形状将其剪切（需注意内外形状和对应空心形状剪切的顺序）。

操作步骤

1）选择"建筑样板"新建一个项目，单击"内建体量"命令，如图 17-39 所示。

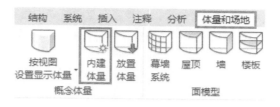

图　17 – 39

2）此时会弹出"体量 – 显示体量已启用"对话框，单击"关闭"，继续弹出"名称"对话框，修改为"东方之门"，如图 17 – 40 所示。单击"确定"进入内建体量绘制环境。

3）进入"标高 1"平面视图，绘制两个相互垂直的参照平面，如图 17 – 41 所示。

图　17 – 40

图　17 – 41

4）单击"设置"命令，弹出"工作平面"对话框，选择"拾取一个工作平面"，单击"确定"，如图 17 – 42 所示。选择竖直方向的参照平面，弹出"转到视图"对话框，选择"立面：东"，单击"打开视图"，进入到东立面视图，如图 17 – 43 所示。

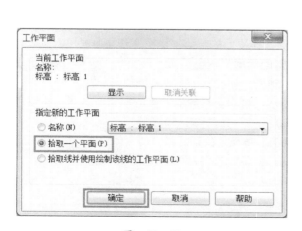

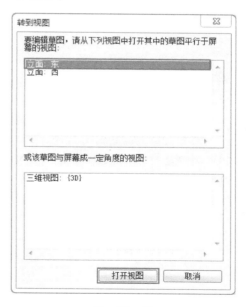

图　17 – 42

图　17 – 43

5）根据侧视图所给尺寸，绘制如图 17 – 44 所示图形，此图形为形状外边轮廓。选中所绘制的图形，单击"实心形状"，形成外部形状，如图 17 – 45 所示。将鼠标指针移动到侧面位置，单击选中该面，单击临时尺寸，输入"150000"，完成外部形状的绘制。

6）接下来需要在正面外部形状中心位置，对其进行空心剪切。同理设置工作平面，进入到南立面视图，绘制半椭圆轮廓，由于此高度尺寸题中未标记，此处自定高度值为"340000"。绘制完成后，"视觉样式"切换为"线框模式"，如图 17-46 所示。

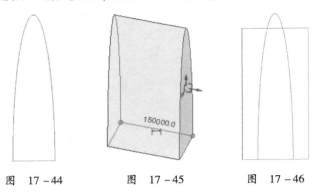

图　17-44　　　　图　17-45　　　　图　17-46

7）选中新绘制的轮廓，单击"空心形状"，生成大空心形状。选中侧面进行拖拽形状至如图 17-47 所示位置，单击空白处，自动完成剪切（如未自动剪切，可手动剪切），剪切结果如图 17-48 所示。

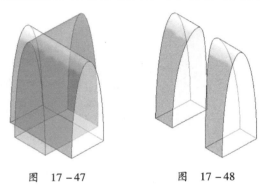

图　17-47　　　　图　17-48

 注意：此处大空心形状两个侧面位置只要覆盖外部形状即可，超出多少无影响。

8）接下来需要绘制内部形状，同样通过设置工作平面的方法，切换至东立面视图，按照题目所给尺寸绘制如图 17-49 所示轮廓。选中新绘制的轮廓，单击"实心形状"，形成内部形状。拖拽内部形状侧面与外部形状侧面重合，如图 17-50 所示。

9）进入到南立面视图，绘制如图 17-51 所示轮廓。选择轮廓，生成小空心形状。参照之前外部形状和空心形状的剪切过程，完成内部形状的剪切，如图 17-52 所示。

最后可将两个形状连接在一起完成"东方之门"体量的创建。

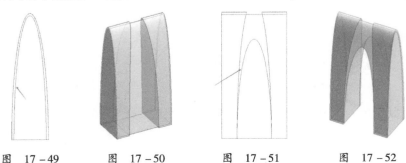

图　17-49　　　　图　17-50　　　　图　17-51　　　　图　17-52

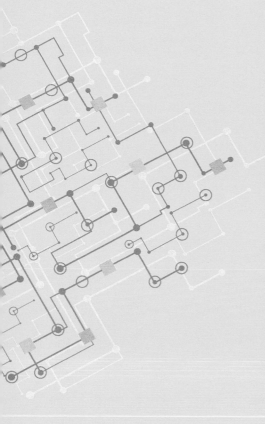

第 4 部分
基础 BIM 应用

PART 04

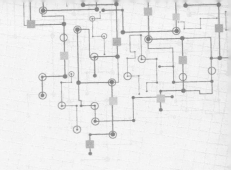

第 18 章　模型构件管理

技能要求：

- 掌握模型可见性的控制方法
- 掌握模型链接操作及相关管理
- 掌握碰撞检查的使用方法
- 能够解决实际项目中经常出现的模型可见性问题

第 1 节　模型可见性

1.1 可见性/图形

用于控制所处活动视图中模型图元、注释、导入和链接图元以及工作集图元的每个类别的显示。可替换模型类别截面线、投影线，以及模型类别的表面、注释、类别和过滤器，还可以针对模型类别和过滤器应用半色调和透明度。

如图 18－1 所示，对话框中的选项卡分别为"模型类别""注释类别""分析模型类别""导入的类别"和"过滤器"。

图　18－1

每个选项卡下的类别可按规程进一步过滤为"建筑""结构""机械""电气"和"管道"，此处的过滤并不影响构件在视图中的显示。

如图18-2所示，使用默认建筑样板在1F（±0.000）创建墙体、楼板，放置家具-桌进行练习，尺寸、位置自定，无特殊要求。

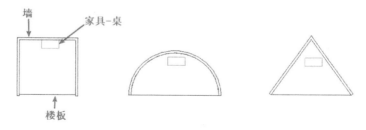

图 18-2

1. 模型类别

（1）可见性控制

在"1F"平面视图中打开"可见性/图形"，取消勾选"墙"的可见性，应用后如图18-3所示，"1F"平面视图中的墙体将不可见。

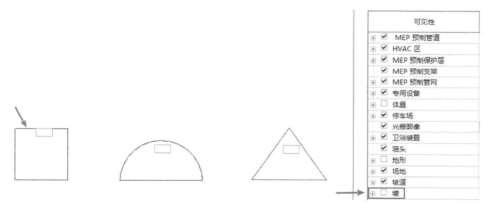

图 18-3

如图18-4所示，可打开3D视图或其他视图，会发现上一步对于1F视图的可见性修改并未影响到其他视图。

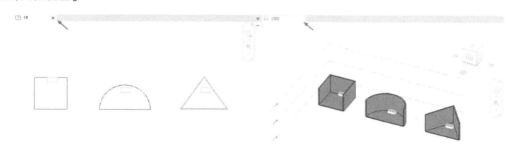

图 18-4

（2）图元投影/表面、截面修改

如图18-5所示，在1F平面视图可见性/图形中，单击对应位置，在弹出的对话框中调整墙体的投影/表面的线为"线宽为 5 的红色实线"（查看线宽需关闭细线模式），投影表面的填充图案为"青色实体填充"，截面填充图案为"紫色实体填充"。

可见性	投影/表面			截面	
	线	填充图案	透明度	线	填充图案
☑ MEP 预制管道					
☑ HVAC 区					
☑ MEP 预制保护层					
☑ MEP 预制支架					
☑ MEP 预制管网					
☑ 专用设备					
☐ 体量					
☑ 停车场					
☑ 光栅图像					
☑ 卫浴装置					
☑ 喷头					
☐ 地形					
☑ 场地					
☑ 坡道	↓	↓		↓	
☑ 墙	───				

图 18 - 5

完成后按照图 18 - 6 中的表格修改下方对应墙体高度，即可查看对应修改（此处墙体高度修改是由于当前视图剖切面为 1200mm，受视图范围影响，具体可参考下一节：视图范围）。

底部约束	1F:0	1F:0	1F:0
顶部约束	1F:500	1F:1200	2F:0

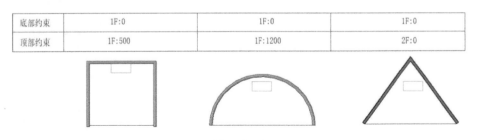

图 18 - 6

若要取消修改，在对应对话框中单击"清除替换"即可，如图 18 - 7 所示。

图 18 - 7

（3）半色调、详细程度

如图 18-8 所示，可以通过勾选半色调，控制图元的亮度，也可以单独修改图元类别控制图元显示在视图中的详细程度。

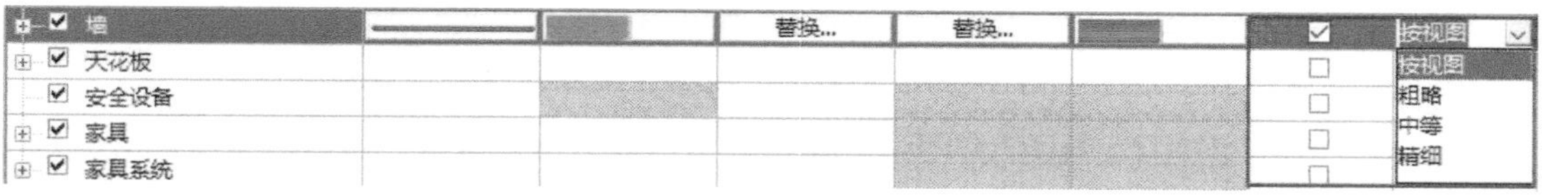

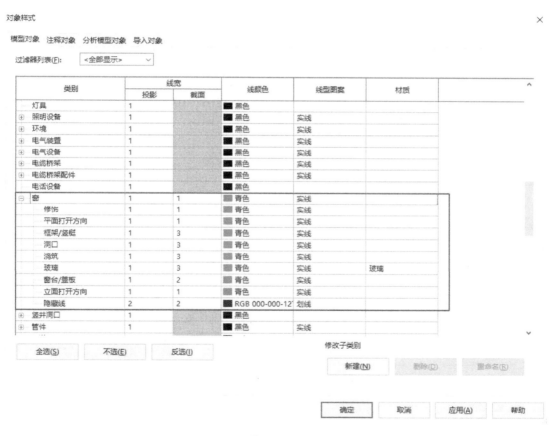

图　18-8

（4）对象样式

可为项目中不同类别和子类别的模型图元、注释图元和导入对象指定线宽、线颜色、线型图案和材质。例如，修改窗的样式，在管理选项卡下进入"对象样式"设置，将窗对应的类别与子类别颜色修改为青色，如图 18-9 所示，在视图中将对应显示为青色。

图　18-9

2. 注释类别

对于注释类别，只能替换投影和表面显示。在"标高 1"视图中打开"可见性/图形"，取消勾选"立面"的可见性，应用后如图 18-10 所示，"标高 1"视图中的"立面符号"将不可见。同理，也将绘制的参照平面设置为不可见。显示设置可参照模型类别。

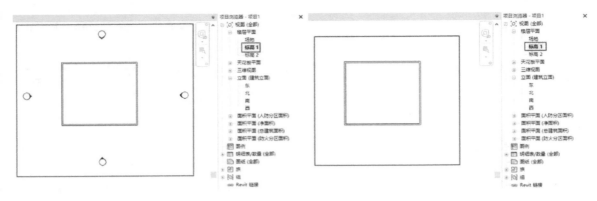

图 18-10

3. 导入的类别

对于导入类别，只能替换投影和表面显示。显示设置可参照模型类别。

4. Revit 链接

载入 REVIT 模型后，如果要替换链接 REVIT 模型中的图元类别，单击 "REVIT 链接" 选项卡，单击 "显示设置" 列中的 "按主体视图" 命令，在弹出的 "REVIT 链接显示设置" 对话框中可设置 REVIT 链接中图元的显示。

1.2 视图范围

1. 视图范围属性

每个平面图都具有视图范围属性，该属性也称为可见范围。如图 18-11 所示，在平面视图属性面板的范围中，单击 "视图范围" 即可弹出视图范围设置的对话框，可结合图 18-12 进行理解。

图 18-11

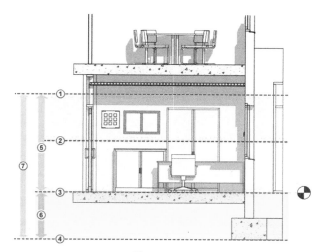

图 18-12

①顶部：设置主要范围的上边界。根据标高和距此标高的偏移定义上边界。图元根据其对象样式的定义进行显示。高于偏移值的图元不显示。

②剖切面：设置平面视图中图元的剖切高度，使低于该剖切面的建筑构件以投影显示，而与该剖切面相交的其他建筑构件显示为截面。显示为截面的建筑构件包括墙、屋顶、天花板、楼板和楼梯。剖切面不会截断构件。

③底部：设置主要范围下边界的标高。

④偏移（从底/顶部）：视图深度的范围值。

⑤主要范围：剖切面以下至底部的视图范围，或剖切面以上至顶部的视图范围。

⑥视图深度：在指定标高间设置图元可见性的垂直范围，是主要范围之外的附加平面。

使用视图深度显示低于当前标高的可见对象；这些对象包含楼梯、阳台和一些可透过楼板洞口的可见对象。

⑦视图范围：视图范围是控制对象在视图中的可见性和外观的水平平面集。

2. 视图方向

1）向下（楼层平面，结构平面-向下）：剖切面以下，此处④偏移是以③底部为基准，高度值等于低于③底部，如图 18-13 所示，是默认楼层平面的视图范围。

2）向上（天花板平面，结构平面-向上）：剖切面以上，此处④偏移是以①顶部为基准，高度值等于高于①顶部，如图 18-14 所示，是默认天花板平面的视图范围。

图 18-13

图 18-14

3. 构件显示分类

在主要范围内，根据不同的显示规则可将构件分为 3 种：

1）楼板、结构楼板、楼梯、坡道。

2）不可剖切的族。如表 18 - 1 所示，表格中的族是不可剖切的，并始终在视图中显示为投影。

3）其余构件。

表　18 - 1

风管	植物	风道末端	通信设备	详图项目	MEP Fabrication 管网
管道	环境	卫浴装置	照明设备	风管占位符	MEP Fabrication 管道
线管	停车场	线管配件	火警设备	管道隔热层	MEP Fabrication 保护层
导线	软风管	电气设备	安全设备	结构梁系统	MEP Fabrication 飞机库
软管	风管管件	电气装置	专用设备	电缆桥架配件	Sprinklers
管件	风管附件	电话设备	竖井洞口	护理呼叫设备	
灯具	管路附件	机械设备	家具系统	结构钢筋接头	
家具	电缆桥架	数据设备	结构桁架	HVAC 区	

1.3 规程

规程属性确定规程专有图元在视图中的显示方式。此处可自行创建不同构件观察其显示，不进行详细演示。

如图 18 - 15 所示，Revit 提供了建筑、结构、机械、电气、卫浴、协调 6 种规程。不同规程显示的图元见表 18 - 2。

表　18 - 2

规程	显示图元类别
建筑	所有图元
结构	非建筑墙以外所有图元
机械	建筑专业和结构专业的图元类别显示为半色调，其余均
电气	正常显示。
卫浴	半色调图元不能使用选择框来选择，只能分别选择
协调	所有图元

图　18 - 15

此处主要说明一下图元的显示，图元类别①在可见性/图形替换中已勾选可见；②在视图范围内；③未被隐藏、遮挡。

第 2 节　链接模型

2.1 模型链接方式

选择"建筑样板"新建项目，保存作为链接模型，然后再次选择"建筑样板"新建项目进行以下练习。如图 18 - 16 所示，在"插入"选项卡中单击"链接 Revit"，在弹出的对话框中指定对应需链接模型的路径，选择定位方式后打开即可。

图　18 – 16

　　之后可单击链接的模型任意构件查看，若无法选中，将图元选择控制栏的选择链接开启即可，如图 18 – 17 所示。也可以在管理选项卡 "管理链接" 面板下，使用 "添加" 命令，进行连接模型的载入。

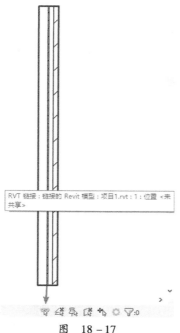

图　18 – 17

2.2 绑定链接

由于无法直接对链接模型中的图元进行编辑，可使用"绑定链接"工具选择链接模型中的图元和基准以转换为组，以便编辑。

附着的详图：将视图专有的详图图元作为附着的详图组绑定至本项目中。

标高：包含在组中具有唯一名称的标高。

轴网：包含在组中具有唯一名称的轴网。

如图 18 – 18 所示，选择链接模型，在功能区单击"绑定链接"，在弹出的对话框中选择要绑定的图元。绑定链接后，如图 18 – 19 所示，软件会弹出相应警告，提示模型已载入，该操作并不会影响源链接模型。若后期不需要再使用该链接，直接单击"删除链接"即可；若还需使用该链接，则单击"确定"，之后可去管理链接中对该链接进行操作。

如果项目中有一个组与需绑定的链接模型同名，则会弹出如图 18 – 20 所示的提示，可根据实际需求进行以下操作。

是：可将项目中与其名称相同的组替换掉；否：使用新名称保存组，之后会将模型以"原名称 2"为名绑定成组；取消：取消转换。

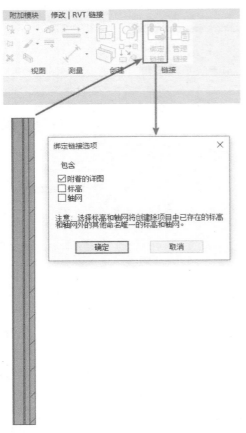

图　18 – 18

图　18 – 19

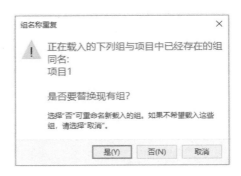

图　18 – 20

2.3 管理链接

"管理"选项卡"管理链接"命令,可对项目中链接的 Revit 模型、IFC 文件、CAD 文件等进行信息查看,执行链接卸载、添加、删除等操作,如图 18 – 21 所示。

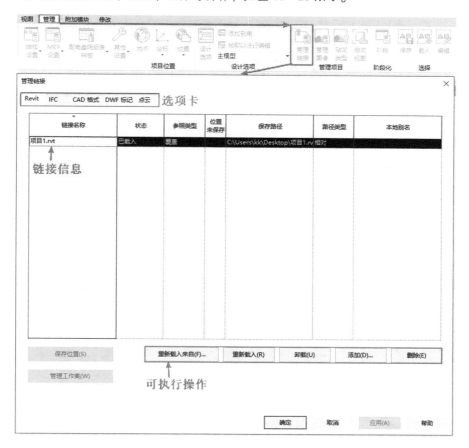

图　18 – 21

1. 重新载入来自/重新载入

如果链接文件被移动,则可以使用"重新载入来自"更改链接的路径。若需要载入最新版本的链接文件,则可以使用"重新载入"进行更新。

2. 卸载/删除

卸载仅删除项目中 Revit 链接模型的显示,但继续保留链接。删除是从项目中删除链接文件,链接只能通过将其插入为新链接来恢复。

2.4 链接模型可见性

当项目中有链接模型时,在"可见性/图形"中会出现"Revit 链接"一栏,以便控制链接模型的显示,如图 18 – 22 所示。

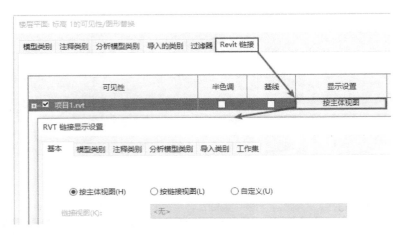

图 18-22

1. 显示设置

显示当前链接模型的显示设置状态，其中的选项可用于替换当前主体中链接模型的其他显示设置，见表18-3。

表 18-3

按主体视图	链接模型以及嵌套模型中的图元都将按主体视图的过滤器设置显示
按链接视图	链接模型和嵌套模型根据指定链接视图的定义显示
自定义	自行定义链接模型和嵌套模型的可见性和图形设置

2. 嵌套链接可见性

嵌套链接可使用"按父链接"或"按链接视图"两种形式显示模型，如图18-23所示。

RVT 链接显示设置

基本 模型类别 注释类别 分析模型类别 导入类别 工作集

○ 按主体视图(H)   ○ 按链接视图(L)   ● 自定义(U)

链接视图(K):	楼层平面: 场地	∨
视图过滤器(W):	<按链接视图>	∨
视图范围(V):	<按链接视图>	∨
阶段(P):	<按链接视图> (新构造)	∨
阶段过滤器(F):	<按链接视图> (全部显示)	∨
详细程度(D):	<按链接视图> (粗略)	∨
规程(I):	<按链接视图> (建筑)	∨
颜色填充(C):	<按链接视图>	∨
对象样式(B):	<按链接模型>	∨
嵌套链接(N):	<按链接视图>	∨
	<按父链接>	
	<按链接视图>	

图 18-23

第3节 碰撞检查

3.1 碰撞检查方式

可以使用"碰撞检查"工具找到一组选定图元或模型中所有图元的交点。

如图 18 –24 所示，墙上的两扇门重叠部分有 5mm，若不放大仔细观察，很难看出有重叠，人工检查十分耗费时间且效率不高。

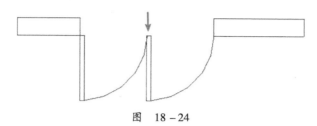

图 18 – 24

下面讲解使用"碰撞检查"命令检查碰撞。如图 18 –25 所示，在"协作"选项卡下单击"碰撞检查"，运行碰撞检查。

图 18 – 25

弹出"碰撞检查"对话框，在"类别来自"中可选择要进行碰撞的当前选择集、当前项目或者是链接的 Revit 模型；然后可通过下方选择方式进行批量选择图元，或在图元类别前的复选框中进行单独勾选，选择完成后单击"确定"运行检查，如图 18 –26 所示。

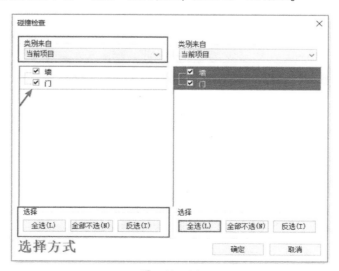

图 18 – 26

若所选图元间有碰撞，如图 18 – 27 所示，会显示冲突报告。成组条件中"类别 1"为左侧类别列，"类别 2"为右侧类别列，单击选择冲突报告中的消息，可在活动视图中亮显有碰撞的图元。

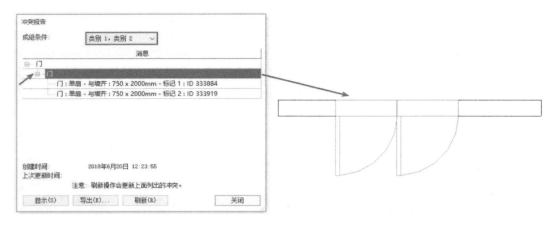

图　18 – 27

也可单独选中一个图元，同样在视图中会亮显，如图 18 – 28 所示。当图元较多时，选择消息中的图元有时找不到图元所在位置，则可以单击冲突报告左下角"显示"命令，将开启不同视图显示碰撞点。

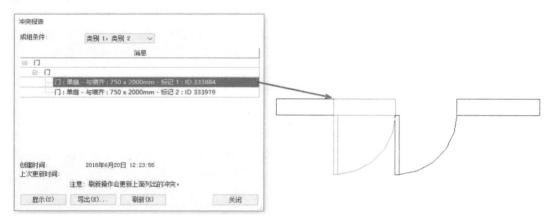

图　18 – 28

若所选图元间无碰撞，则显示"未检测到冲突"，如图 18 – 29 所示。

图　18 – 29

3.2　冲突报告导出

若需要将冲突报告导出，单击下方"导出"命令，之后选择要导出的位置，修改其名称保存即可，如图 18 – 30 所示。

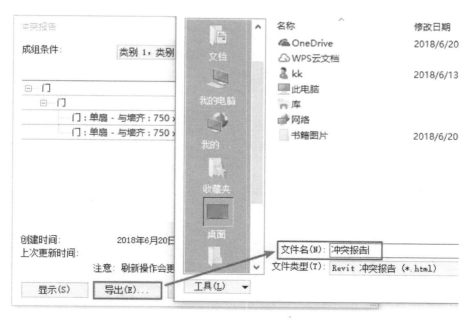

图　18－30

　　然后在所选位置使用网页浏览器打开该冲突报告查看，如图 18－31 所示。界面中会显示创建报告的时间、碰撞的图元，以及碰撞图元的类型名称和 ID 号，方便后期在项目中根据构件 ID 查找碰撞图元。

冲突报告

冲突报告项目文件：
创建时间: 2018年6月20日 12:23:55
上次更新时间:

	A	B
1	门：单扇 - 与墙齐：750 x 2000mm - 标记 1：ID 333884	门：单扇 - 与墙齐：750 x 2000mm - 标记 2：ID 333919

冲突报告结尾

图　18－31

3.3　按 ID 选择

　　对于导出报告中的图元，回到项目中可直接使用 ID 号进行查看。如图 18－32 所示，在"管理"选项卡下单击"按 ID 选择"命令，在弹出的对话框中输入要查找图元的 ID，单击显示，则在当前活动视图将亮显所查找图元。

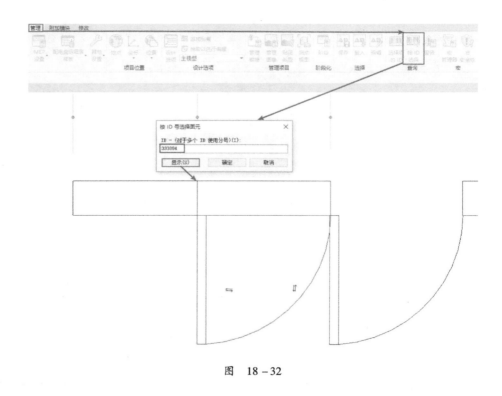

图 18-32

第 4 节　课后练习

4.1　理论考试练习

1. 在可见性/图形替换中过滤器列表中不包含以下 （　　） 模型类别。

    A. 建筑　　　　　　　　　B. 结构　　　　　　　　　C. 管道　　　　　　　　　D. 协调

2. 在保留立面视图的情况下，平面视图中不显示立面符号，以下 （　　） 操作不正确。

    A. 取消勾选 "可见性/图形替换 – 注释类别 – 立面"　　B. 临时隐藏

    C. 删除　　　　　　　　　　　　　　　　　　　　　D. 永久隐藏

3. 在当前平面视图中，要使所有被剖切面截断的墙以红色实体填充显示，下列 （　　） 方式正确。

    A. 修改墙体 "着色" 显示为红色

    B. 修改墙体 "外观" 显示为红色

    C. 在 "可见性/图形替换" 中修改 "投影/表面" 填充图案为实体红色

    D. 在 "可见性/图形替换" 中修改 "截面" 填充图案为实体红色

4. 以下说法正确的是 （　　）。

    A. 碰撞检查可以检测链接项目中的图元与当前项目中图元的碰撞

    B. 碰撞检查无法检测链接项目中的图元与当前项目中图元的碰撞

    C. 单击刷新可以解决冲突报告中的碰撞问题

    D. 只有在项目中可见的图元才能进行碰撞检查

5. 链接到当前项目的 Revit 模型（   ）。

  A. 不可直接编辑图元属性和可见性   B. 可直接编辑图元属性和可见性

  C. 可直接编辑图元属性，不可编辑可见性   D. 不可直接编辑图元属性，可编辑可见性

6. 以下说法正确的是（   ）。

  A. 删除的链接可以通过"重新载入来自"命令恢复

  B. 修改链接的源文件，项目中的文件不会发生变化

  C. 卸载后的链接可以通过重新载入的方式恢复

  D. 在管理链接中删除链接，源文件也将同时被删除

4.2 实操考试练习：如何处理在平面视图中放置窗后不可见

打开配套文件中"第18章 模型构件管理"文件夹中的"小别墅一层"案例模型，如图18-33所示，在北面的墙体上放置一扇窗，其底高度为"标高1"向上偏移1500mm，在平面视图中则不显示其平面表达。

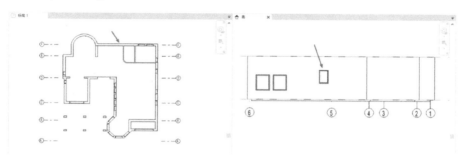

图 18-33

在前几节说明了模型不可见的几个因素，下面进行一一排除。

在平面视图中，窗的状态为不显示，而非如图18-34所示为半色调显示，所以首先排除"规程"的因素。

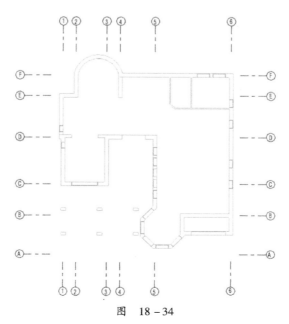

图 18-34

如图 18 – 35 所示，若是在"可见性/图形"中取消勾选窗，则将只显示洞口，而非不显示，所以可以排除"可见性/图形"的因素。

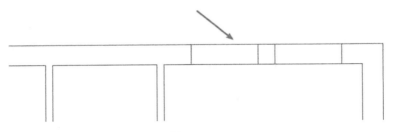

图 18 – 35

最后检查视图范围，如图 18 – 36、图 18 – 37 所示，默认的视图主要范围是从剖切面到底部这一范围。

图 18 – 36

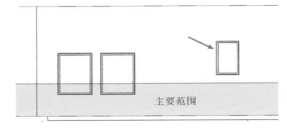

图 18 – 37

在平面视图中，视图方向是向下的，所以需要将范围的上边界，也就是"剖切面"的值向上调整至可以切到窗户为止。

那么如何确定其范围值呢？如图 18 – 38 所示，首先要保证可以看到需要显示的窗户，那么值需要大于"1500"小于"2750"；其次不能影响其他构件的显示，例如左边的两扇窗，值进一步缩小，需要大于"1500"小于"2300"。

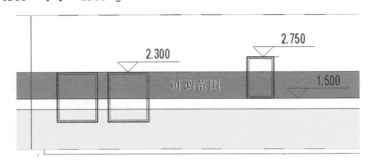

图 18 – 38

然后调整"标高 1"视图范围值，如图 18 – 39 所示，此处调整为"1550"，也可尝试其他值，单击应用，平面中即会显示该窗。

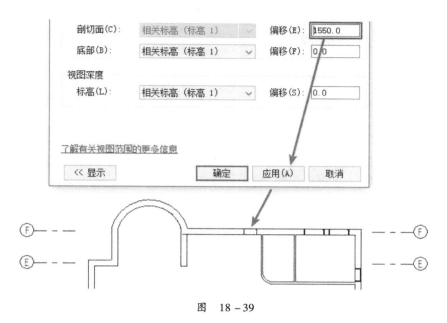

图　18 – 39

若是存在其他构件放置后不可见的情况，也可根据上述思路进行检查。

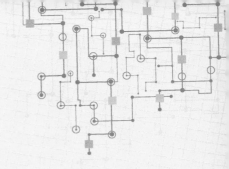

第 **19** 章 图纸

技能要求：

- 掌握创建常用视图的方法
- 掌握图例的创建与编辑
- 能够根据实际项目节点创建详图

第1节 创建图纸

1.1 新建图纸

如图 19 − 1 所示，在视图选项卡下选择"图纸"命令，之后在弹出的对话框中可选择要创建的图纸图幅（即选择图框）。若"选择标题栏："下无图框，如图 19 − 2 所示，则单击"载入"命令，在弹出的对话框中，"标题栏"文件夹内便是图框。除可载入族库中自带的图框外，也可载入自行制作的图框，此处使用族库中自带的图框进行演示。

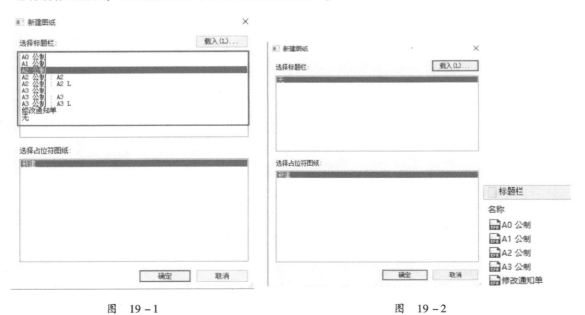

图 19 − 1   图 19 − 2

根据所选图框尺寸创建图纸视图，对应的视图名称同样会显示在项目浏览器中，如图 19 − 3 所示。

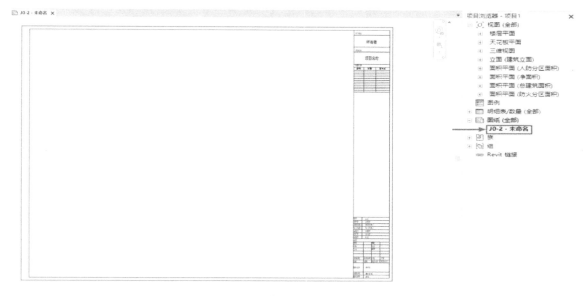

图 19-3

1.2 添加视图

样板中自带的视图如不满足使用要求，则要添加新的视图。如图 19-4 所示，所有的视图均可在"视图"选项卡下"创建"面板中选择命令创建对应视图。

1. 立面视图

立面视图只可在平面视图中添加，默认样板平面视图中已经创建了 4 个立面，如图 19-5 所示。

图 19-4   图 19-5

单击立面命令，鼠标指针进入平面视图后箭头指针上出现一个立面符号，可在平面中单击任意位置放置立面符号，如图 19-6 所示，完成后可按〈ESC〉键退出。同时"项目浏览器"内出现对应的"立面 1-a"立面视图。

立面符号分为两部分，如图 19-7 所示，单击圆圈部分可用来控制创建立面视图时视图的方向，立面符号可通过勾选复选框创建对应方向的立面视图，一个立面符号共可创建 4 个立面，也可以通过旋转的方式来控制立面视图的视图方向。如图 19-8 所示，当单击黑色填充部分时，立面符号上显示当前视图的可见范围（两条线之间），其中实线代表视图的开始观察位置，以当前创建的立面符号为例，视图方向为左，当创建的构件放置到该实线右边，则在对应的视图中该图元不可见；虚线代

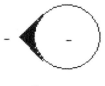

图 19-6

表视图的最大可见范围，如果创建的构件位置是在立面符号左侧，但构件是在虚线左侧且不与虚线相交时，该构件同样在对应立面视图不可见。

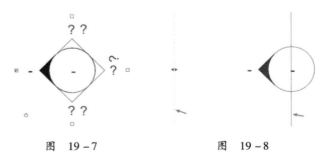

图 19-7　　　　　　　　　图 19-8

如图 19-9 所示，标高 1 中墙体未在默认放置的立面符号的视图范围内，则对应"立面 1-a"中不显示该墙体。

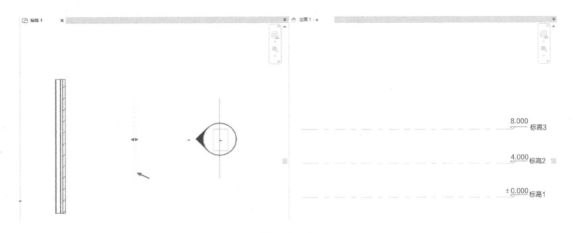

图 19-9

若要在"立面 1-a"中显示该墙体，拖拽立面符号的范围框（即拖拽虚线上的蓝色三角），如图 19-10 所示，该立面视图中墙体已可见。如图 19-11 所示，修改"远剪裁偏移"值至合适范围，或将"远剪裁"修改为"不剪裁"同样可达到相同要求。

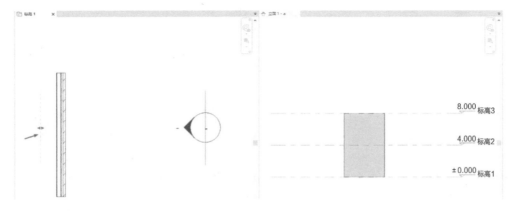

图 19-10

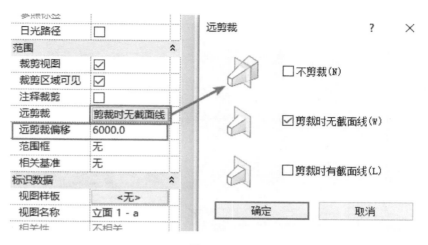

图 19－11

2. 剖面视图

如图 19－12 所示，单击"剖面"命令后，在平面中墙体左侧单击第一次，墙体右侧单击第二次，以放置剖面符号，放置成功时剖面视图同时创建完成，从左向右放置剖面，该剖面的视图方向为"北"。

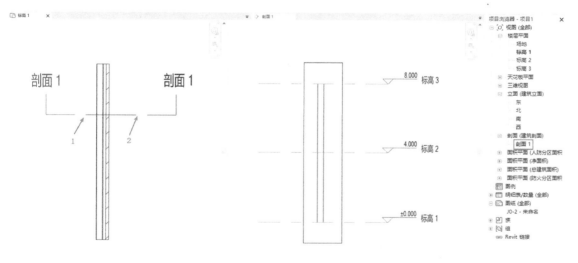

图 19－12

3. 详图索引

在"详图索引"下拉菜单中选择所要添加的索引样式，"矩形"或者自行绘制"草图"，在需要添加详图的位置添加即可，在项目浏览器中会自动创建对应视图，可切换进入该视图查看或修改构件，如图 19－13 所示。

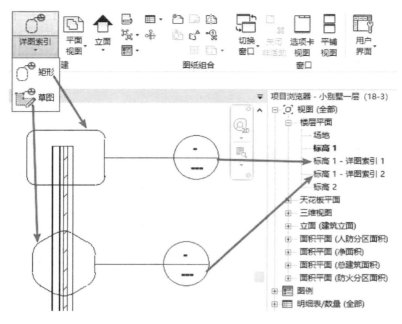

图　19 – 13

4. 图例视图

以门窗图例为例，如图 19 – 14 所示，单击"视图"选项卡下"创建"面板中"图例"下拉菜单内"图例"命令，以创建图例视图，在弹出的对话框中修改其"名称"为"门窗图例"并单击"确定"，之后会创建并跳转至对应视图，项目浏览器中也会显示该视图名称，如图 19 – 15 所示。

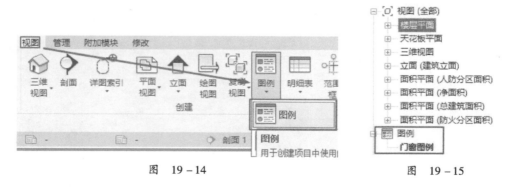

图　19 – 14　　　　　　　　　　　　　　　图　19 – 15

在"注释"选项卡添加图例构件，如图 19 – 16 所示。

图　19 – 16

在选项栏中选择所要添加的图例族，在视图中放置即可，如图 19－17 所示。

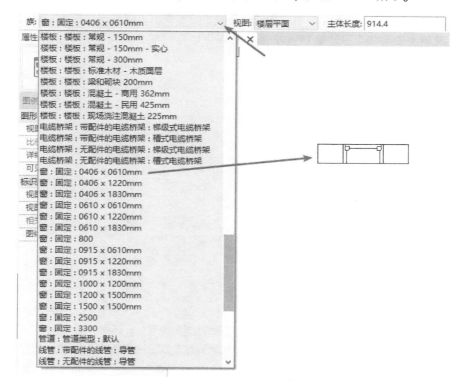

图　19－17

可选择所放置的图例族，修改其视图的显示，从平面样式修改为立面样式，如图 19－18 所示，将其修改为"立面：前"。

有时添加的图例族并不是所需要的样式，除添加图例族也可使用详图线绘制图例。创建图例视图后，单击"注释"选项卡"详图"面板中"详图线"命令，如图 19－19所示，在"修改│放置 详图线"选项卡中选择绘制方式与线样式，如图 19－20 所示，在绘图区域内绘图，如图 19－21 所示。

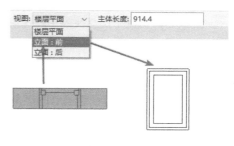

图　19－18

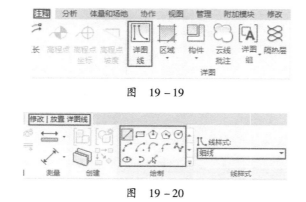

图　19－19

图　19－20

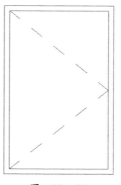

图　19－21

5. 复制视图

视图除了创建新视图，也可对原有视图进行复制。复制视图可以单击"视图"选项卡"创建"面板中的"复制视图"命令，如图 19 – 22 所示；也可以在"项目浏览器"中选择所需复制的视图，右键选择"复制视图"选项，如图 19 – 23 所示。

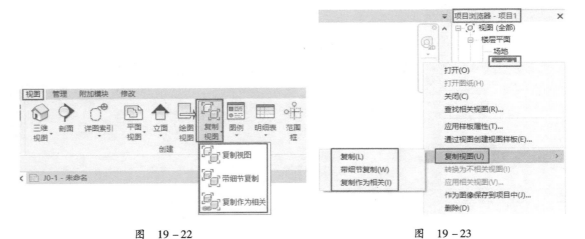

图　19 – 22　　　　　　　　　　　　　　　图　19 – 23

复制视图分为"复制视图""带细节复制"和"复制作为相关"。其中"复制视图"只复制模型，不复制尺寸、文字、标注等视图专有图元，同时在被复制或复制出的视图上创建或修改视图专有图元也不会影响另一个视图；"带细节复制"将同时复制模型和视图专有图元；"复制作为相关"复制视图完成后，复制的视图与原视图相关联，在任意一个视图上的任何修改将同时影响到另一视图。

6. 将视图添加至图纸

在项目浏览器中选择要添加的视图，直接拖拽至所要放置的位置即可，如图 19 – 24 所示。

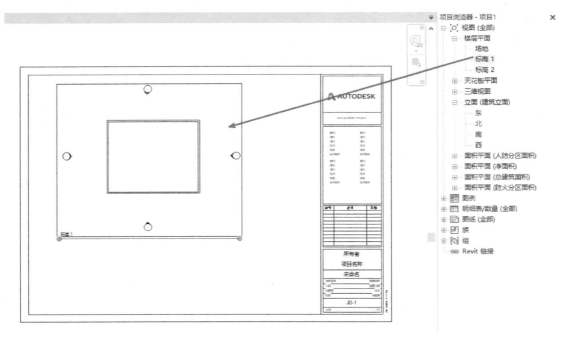

图　19 – 24

单击图纸视图中被拖拽进来的"标高 1"视图下方标题（即视图名称），拖拽其可修改位置；单击"标高 1"视图（指向或选中视图时，视图周边将出现该视图的大小，即边框），视图下方标题线条两端出现圆点，拖动圆点可调节线条长短；选择"标高 1"视图后，单击"标高 1"文字，可修改视图名称，修改完成后如图 19 – 25 所示。

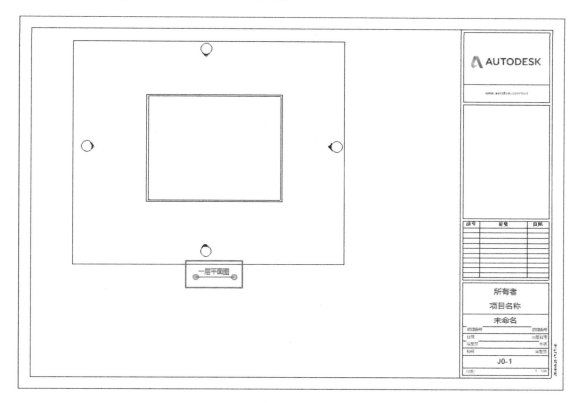

图　19 – 25

 注意：除明细表视图外，每个视图只能放置在一张图纸中。

1.3　添加图纸信息

单击选择图框，可采用多种方式对图纸中的信息进行添加及修改。

如图 19 – 26 所示，需要更改图纸名称，选中图框后在图框中对应位置单击图纸名称"未命名"，直接修改即可；或在属性面板图纸名称参数下修改其值；或在项目浏览器中，用鼠标右键单击"J0 – 1 – 未命名"选择重命名即可。

此处使用任意方式修改，完成后对应所有显示图纸名称的位置都会同步修改。

 注意：可在项目中添加图纸的项目参数，为图纸视图添加更多信息。

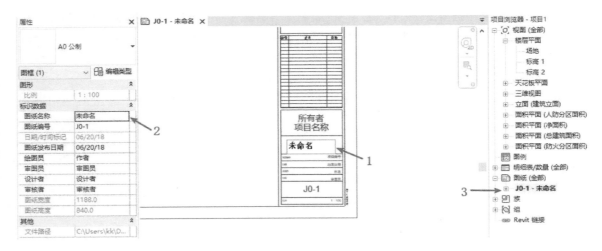

图 19－26

1.4 添加模型信息

单击添加至图纸中的模型视图，可在属性栏中修改对应视图的属性，如若需要添加或修改视图中图元，可返回对应视图直接添加。如图 19－27 所示，在图纸中选择对应视图，单击功能区"激活视图"命令进行添加，修改完成后在视图范围外（即边框外）双击鼠标左键即可结束激活状态。

接下来使用配套文件中"第 19 章 图纸"文件夹中的小别墅进行演示，如图 19－28 所示。

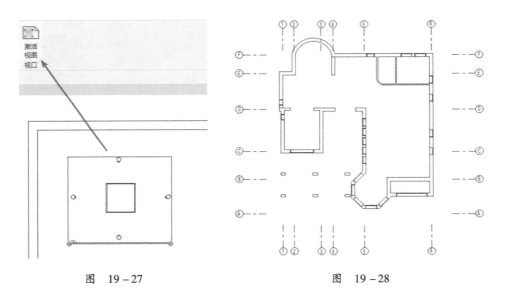

图 19－27   图 19－28

1. 注释

除尺寸标注外，通常图纸中还需要标识门窗信息。如图 19－29 所示，可使用"按类别标记"，然后在选项栏定义标记族类型、是否需要引线等，直接选择图元逐个进行标记即可。

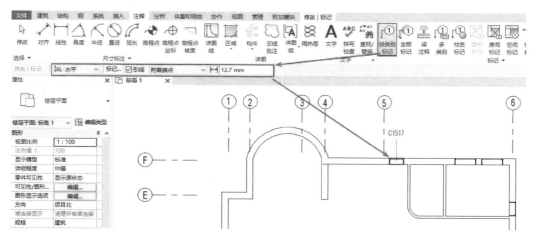

图 19－29

若需要标记的图元较多，逐个标记较费时间，可使用"全部标记"命令。

如图 19－30 所示，单击"全部标记"命令，在弹出的对话框中勾选要标注的图元，定义是否需要引线以及方向后，单击"应用"即可对所选图元进行全部标记，标记结束后可单击"确定"结束标记。

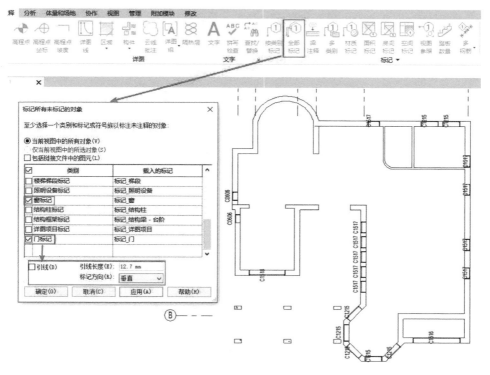

图 19－30

2. 修改标记

单击标记文字或引线，可通过其属性面板控制引线的显示、引线端点的位置及标注文字的方向，同时所有修改也可通过选项栏来完成，如图 19－31 所示。

在使用样板中默认的标记时，标注的内容可能不是本身所需要的，如图 19 – 32 所示，视图中显示窗标记为"C1519"，此时需要将其标注改为需要的类型名称"C1"。选择"窗标记"族，单击"编辑族"命令，进入编辑标记族的族环境（此处并非选择窗，注意不要选错）。

如图 19 – 33 所示，转换至"族编辑"环境后，单击标签"1t"，单击"编辑标签"命令，将"类型名称"参数添加至标签参数中。

图　19 – 31

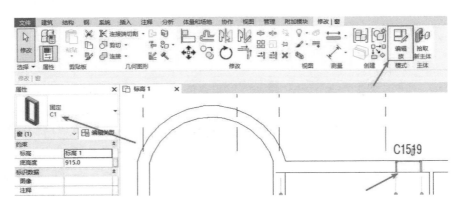

图　19 – 32

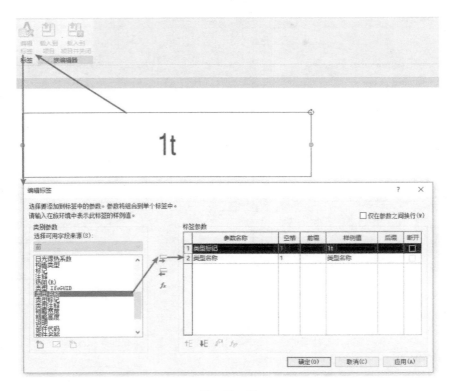

图　19 – 33

将类型标记从标签参数中删除，然后单击"确定"即可，如图 19－34 所示。

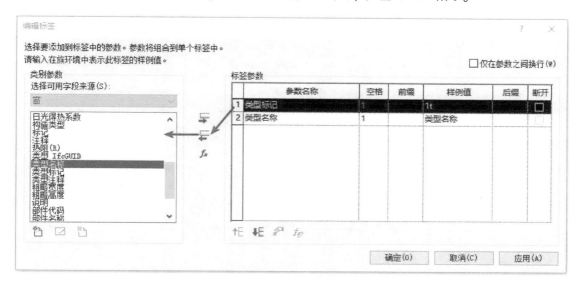

图 19－34

完成修改后将族"载入到项目中"，如图 19－35 所示，在弹出的对话框中选择"覆盖现有版本及其参数值"（由于此处对参数进行了修改，所以选择使用"覆盖现有版本及其参数值"，若只是对形状进行了修改可选择"覆盖现有版本"），如图 19－36 所示。

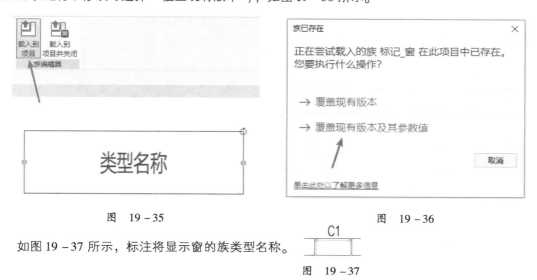

图 19－35　　　　　　　　　　　　　　　　　　图 19－36

如图 19－37 所示，标注将显示窗的族类型名称。

图 19－37

第 2 节　导出 CAD、打印

图纸创建完成后，在文件选项卡下选择"CAD 格式"即可导出对应格式文件，如图 19－38 所示。

图 19-38

选择格式后，在弹出的"DWG 导出"对话框中单击"选择导出设置"下"..."命令，可对导出设置进行图层、线型、文字、单位等修改，如图19-39所示。

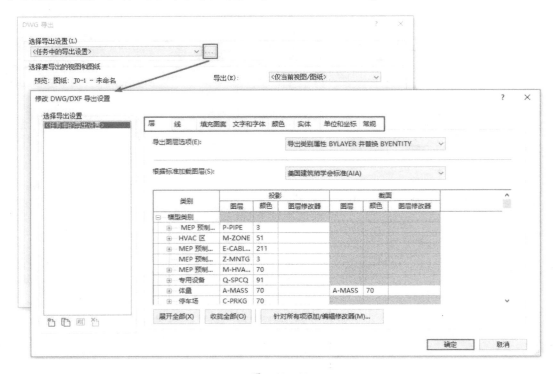

图 19-39

如图 19 –40 所示，将墙图层名称修改为"WALL"，完成导出设置，在导出完成后 CAD 图纸中墙体投影的图层名称将为"WALL"。

类别	投影			截面		
	图层	颜色	图层修改器	图层	颜色	图层修改器
⊞ 地形	C-TOPO	7		C-TOPO	7	
⊞ 场地	L-SITE	91		L-SITE	91	
⊞ 坡道	A-FLO...	51		A-FLO...	51	
⊞ 墙	WALL	113	添加/编辑...	A-WALL	113	添加/编辑...
墙/内部	I-WALL	2		I-WALL	2	

图　19 –40

修改"导出"列表内"仅当前视图/图纸"为"任务中的视图/图纸集"，再修改"按列表显示"列表内"集中的所有视图和图纸"为"模型中的所有视图和图纸"或"模型中的视图""模型中的图纸"来选择导出的对象（即可再选择要导出的图纸或视图），如图 19 –41 所示。

图　19 –41

选择要导出的路径后，制定命名方式。命名方式有三种，分别是"自动 – 长（指定前缀）""自动 – 短""手动（指定文件名）"，其中"自动 – 长（指定前缀）"和"手动（指定文件名）"可手动输入名称，"自动 – 短"自动生成名称，如图 19 –42 所示。

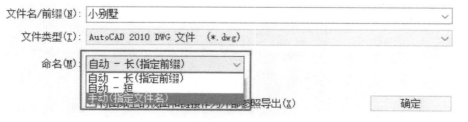

图　19 –42

在"文件类型"下，为导出的 DWG/DXF 文件选择 AutoCAD 版本，如图 19 – 43 所示。并且可以选择是否"将图纸上的视图和链接作为外部参照导出"，若勾选，则会将图纸中的视图单独另存为一张 CAD 图纸，如图 19 – 44 所示；若不勾选，则只作为一张图纸导出，如图 19 – 45 所示。

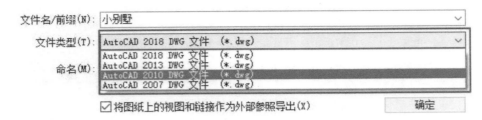

图 19 – 43

图 19 – 44　　　　　　　　　　图 19 – 45

第 3 节　详图

3.1　区域

Revit 软件可以将项目构造为现实世界中物理对象的数字表示形式，但不是每一个构件都需要进行三维建模。建筑师和工程师可创建标准详图，以说明项目中构件的材质构造与组成，是对项目的重要补充。而在详图中，会使用两种不同形式的区域（填充区域、遮罩区域）进行补充，在"注释"选项卡下"详图"面板中"区域"下拉菜单内可选择使用哪一区域，如图 19 – 46 所示。

图 19 – 46

打开配套文件中"第 19 章 图纸"文件夹中的小别墅，如图 19 – 47 所示，使用详图索引在 1F 平面视图中添加墙体材质大样图视图，然后进入该视图中创建区域。

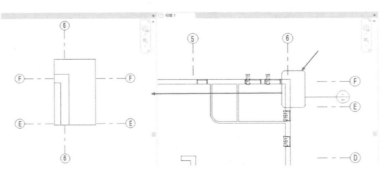

图 19 – 47

1. 遮罩区域

如图 19－48 所示，绘制遮罩边线，遮罩区域内所有图元将被遮挡无法显示。完成后如图 19－49所示，遮罩区域的边界并未隐藏，此时可修改边界的线样式为"不可见线"使其不可见。选择遮罩区域，单击"编辑边界模式"命令，如图 19－50 所示。选中要修改的边线，修改线样式为"不可见线"（图 19－51），将上下两个区域均修改完成后，如图 19－52所示。

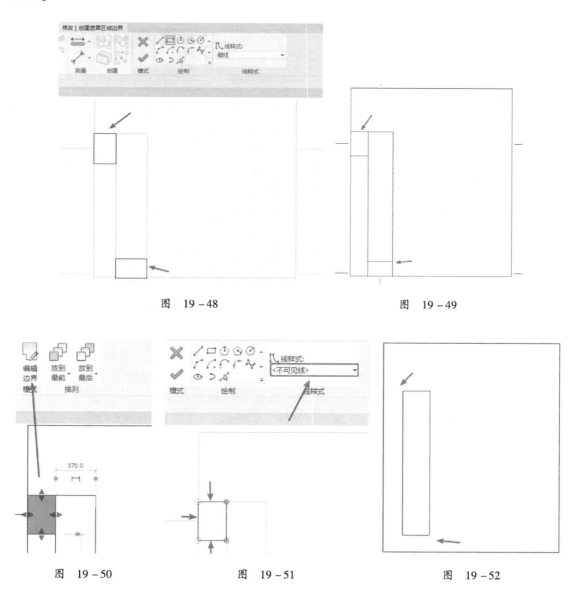

图　19－48　　　　　　　　　　　　　　图　19－49

图　19－50　　　　　图　19－51　　　　　图　19－52

2. 填充区域

如图 19－53 所示，单击"填充区域"命令，复制一个新类型为"外墙饰面砖"，修改"前景"填充样式为"分区 02"，完成后点击"确定"两次，完成填充区域新类型的创建。

图　19 – 53

在墙体外部创建外墙饰面砖的填充图案，长度与墙相等，宽度为10mm，完成后如图19 – 54 所示。

以墙体中心为轴将绘制的外墙饰面砖填充图案镜像至墙体对面，并更换该填充图案的类型为"玻璃 – 玻璃剖面"，再绘制墙体中间的结构层，填充图案为"混凝土"（这两种图案在项目中已存在，不必重复创建），完成后如图19 – 55 所示。

图　19 – 54 　　　图　19 – 55

3.2　详图线

对墙体材质大样图进行材质标记时，无法直接标注填充区域的材质，如图19 – 56所示。此时可自行创建标记，单击"注释"选项卡下"详图线"命令，创建详图线以作为引线（在线样式中可修改要创建的线样式），如图19 – 57 所示。线添加后，可再选中其中任意一段线拖拽其拖拽点进行修改，如图19 – 58 所示。

图　19 – 56

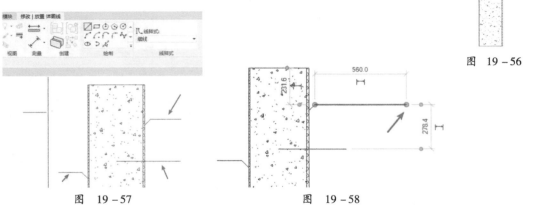

图　19 – 57　　　　　图　19 – 58

3.3 文字

在"注释"选项卡下"文字"面板内单击"文字"命令，在视图中需要添加文字的位置单击，直接输入要添加的文字内容（当位置不正确时，可通过文字框左上角的移动符号移动文字的位置），如图 19 - 59 所示。

如图 19 - 60 所示，选中文字后可在类型选择器中进行"文字类型"切换；文字引线、对齐方式，可在属性面板及功能区进行修改；文字相关颜色、线宽、字体、大小等可在编辑类型中进行修改。操作较为简单，此处不再赘述。

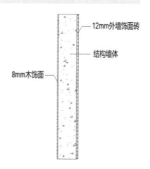

图　19 - 59

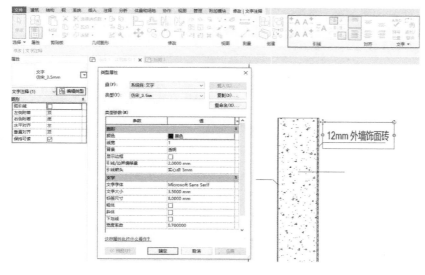

图　19 - 60

第4节　课后练习

1. 房间颜色方案中，颜色方案定义不包括以下（　　　）。

   A. 按面积范围　　　　B. 按面积值　　　　C. 按编号值　　　　D. 按编号范围

2. 在项目中需添加含有尺寸的门标记，但现有门标记仅标注了其类型名称，下列操作正确的是（　　　）。

   A. 修改现有标记族，添加宽度和高度标签后重新载入

   B. 双击门标记，直接修改文字

   C. 使用全部标记

   D. 添加尺寸标注

3. 如需要在每张图纸标题栏中添加固定的设计师职位名称，建议采用（　　　）方式。

    A. 编辑图框族，添加新的文字　　　　　　　B. 编辑图框族，添加新的标签

    C. 直接在图框空白处添加新的文字　　　　　D. 在项目参数中添加新的参数

4. （　　　）不是 CAD 文件导出格式。

    A. DWG　　　　　　　　B. DXF　　　　　　　　C. DGN　　　　　　　　D. SAT

5. 在图纸视图中，选择图纸中的视口，激活视口后移动窗的位置，则该操作（　　　）。

    A. 仅显示在图纸视图中

    B. 仅显示在视口对应的视图中

    C. 会同时显示在视口对应的视图和图纸视图中

    D. 仅显示在视口对应的视图中，同时会以复本的形式显示在图纸视图中

6. 要修改视图标题中的详图编号，下列操作正确的是（　　　）。

    A. 选择视图标题关联的视口，打开属性对话框，修改详图编号的值

    B. 修改图纸上的视图标题

    C. 标题中的视图编号是自动分配的，不可修改

    D. 以上答案均不正确

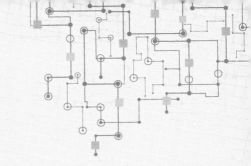

第 20 章　实物量统计

技能要求：

- 掌握明细表创建的方式及功能设置
- 能够将创建的明细表进行导出
- 能够根据实际物料清单创建符合要求的明细表

第1节　创建明细表

明细表在项目任何阶段都可以创建，它是一张用于统计当前项目中指定类别图元参数的列表，如门、窗、柱等。该列表中显示的信息是从项目中的图元属性提取的，也可设置条件控制明细表中的信息显示。对项目的任何修改，明细表都将自动更新，以反映当前项目的实际情况。

创建的明细表可以添加到图纸当中以丰富图纸信息，也可以直接导出为外部文件，用以传递项目信息。

1.1　明细表/数量

1) 选择"建筑样板"新建项目，单击"视图"选项卡下"创建"面板中的"明细表"下拉菜单内"明细表/数量"命令，如图 20 – 1 所示。

2) 在弹出的"新建明细表"对话框中，"过滤器列表"用于控制"类别"分组的显示内容；"类别"分组内显示当前可以统计的图元类别；"名称"分组用于设置明细表名称，按照图 20 – 2 所示创建"门明细表"，完成后单击"确定"。

图　20 – 1

图　20 – 2

3) 单击"确定"后弹出"明细表属性"对话框，在左侧"可用的字段"列表内单击需要统计的字段（属性信息），单击"添加参数"命令即可将选中字段添加至右边"明细表字段（按顺序排列）"列表内，如图 20 - 3 所示。

图　20 - 3

4）在右侧"明细表字段（按顺序排列）"列表内，选择多余字段通过"移除参数"命令移除。如对字段顺序不满意也可通过选中字段单击下方"↓E"或"↑E"图标向下或向上移动字段位置，如图 20 - 4 所示。

图　20 - 4

5）字段添加与顺序调整完毕后，单击"过滤器"选项卡可在此选项卡内选择过滤条件，使明细表中不满足过滤条件的构件信息无法显示，可设置多个过滤条件以显示更精确的结果。如图 20 – 5 所示，所有底高度不为 0 的门将无法显示。

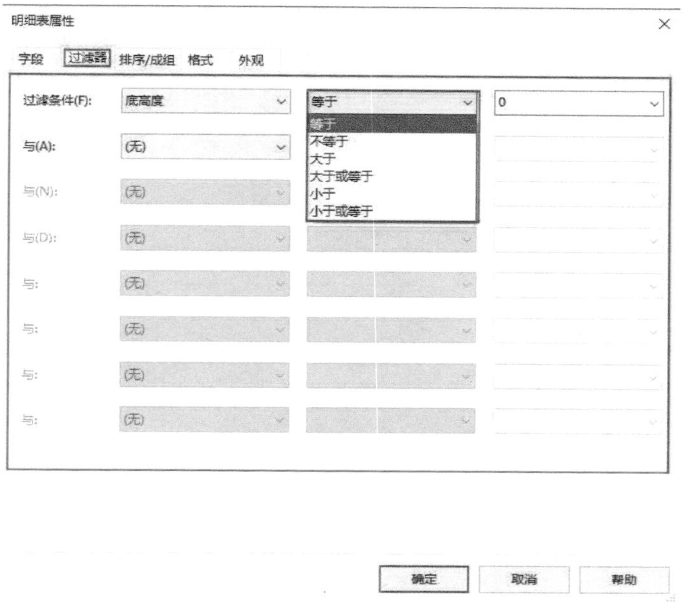

图　20 – 5

6）单击 "排序/成组" 选项卡，可在该选项卡内设置构件信息的排序方式。如图 20 – 6 所示，可将明细表内构件信息以 "类型" 分组，以 "升序" 排序，在不同类型之间添加 "页脚"，各个类型总计出 "标题、合计和总数"，最后总计所有类型，并逐个列举每个实例。

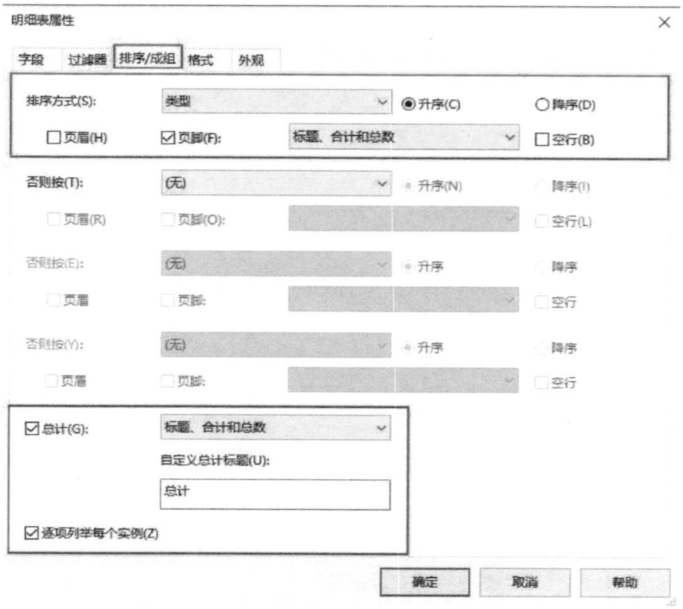

图　20 – 6

7）单击 "格式" 选项卡，可在该选项卡下左侧 "字段" 分组内选择字段，在右侧会对应出现该字段的格式设置。"标题"可以修改该字段在明细表中显示的名称,"对齐"可以修改该字段在明细表中的对齐方式,若选择的字段为数值类型的参数,可选择"计算总数"以在勾选了"排序/成组"选项卡内"总计"的情况下计算总数,设置如图20-7所示。

图　20-7

8)单击"外观"选项卡,在该选项卡下"图形"分组内可设置明细表在图纸中内部线条显示的"网格线"及四周外部边线的"轮廓";"文字"分组设置可控制是否"显示标题""显示页眉",以及从上至下的标题、页眉、构件信息的文字样式,如图20-8所示。

图　20-8

9）完成后单击"确定"，完成"门明细表"创建，如当前项目未布置门构件，则无法统计相应的构件信息，显示的情况如图20-9所示。如项目中已有门构件，则会根据之前几步的设置显示门构件信息。

10）明细表完成后，依然可在属性面板中继续编辑各项设置，在如图20-10所示位置单击对应的"编辑"命令即可。

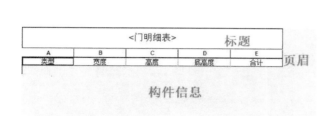

图 20-9　　　　　　　　　　　　图 20-10

注意：

1）明细表/数量又被称为"构件明细表"，常用来统计当前项目中各类构件。

2）当创建"多类别明细表"时（即在新建"明细表/数量"时，"类别"分组内选择"多类别"），仅可统计可载入族。

3）可通过平铺视图窗口的方式来观察明细表与构件的联系，每单击一行构件信息，相应的构件会同时在视图中显示被选中状态（注意，如果构件不显示则可能是被遮挡或隐藏），如果删除或修改明细表中某些构件，那么项目中的对应构件也会删除或修改。

1.2　材质提取明细表

1）如图20-11所示，单击"材质提取"命令，在"新建材质提取"对话框内"过滤器列表"中选择"建筑""类别"列表中选择"墙"后单击"确定"，如图20-12所示。

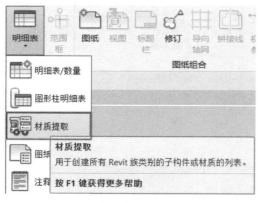

图 20-11　　　　　　　　　　　　图 20-12

2）在弹出的"材质提取属性"对话框中，字段依次选择"类型""材质：名称""材质：体积"，完成后单击"确定"，如图 20-13 所示。

图　20-13

3）与构件明细表相比，材质提取明细表创建完成后将会统计构件内的所有材质信息。例如绘制一条长 2000mm、高 4000mm 的"外部-砌块勒脚砖墙"，使用"墙明细表"（构件明细表）与"墙材质提取"明细表的结果如图 20-14 所示。

<墙材质提取>

	A	B	C
	类型	材质：名称	材质：体积
	外部-带砌块与	默认墙	0.27
	外部-带砌块与	混凝土砌块	0.36
	外部-带砌块与	胶合板，面层	0.03
	外部-带砌块与	空气	0.14
	外部-带砌块与	隔汽层	0.00
	外部-带砌块与	松散-石膏板	0.02
	外部-带砖与金	默认墙	1.25
	外部-带砖与金	砌体-普通砖 75x	0.74
	外部-带砖与金	胶合板，面层	0.16
	外部-带砖与金	空气	0.62
	外部-带砖与金	隔汽层	0.00
	外部-带砖与金	松散-石膏板	0.11

<墙明细表>

	A	B	C
	族与类型	结构材质	体积
	基本墙:外部-带	<按类别>	0.83
	基本墙-外部-带	<按类别>	2.87

图　20-14

1.3　图纸列表

1）如图 20-15 所示，单击"图纸列表"命令创建"图纸列表"明细表。在"图纸列表属性"对话框内，选择要统计的字段，添加结果如图 20-16 所示。

图 20-15　　　　　　　　　　　　　　　　　　图 20-16

2）当前项目未创建图纸，完成后则如图 20-17 所示。如项目中已创建图纸，则图纸列表中会显示创建的图纸信息。

<图纸列表>			
A	B	C	D
图纸名称	图纸编号	图纸发布日期	当前修订日期

图　20-17

1.4　视图列表

1）如图 20-18 所示，单击"视图列表"命令创建"视图列表"明细表。在"视图列表属性"对话框内，选择要统计的字段，添加结果如图 20-19 所示。

图　20-18　　　　　　　　　　　　　　　　　　图　20-19

2）项目样板中会预设一些视图，"视图列表"明细表创建完成后会自动统计这些视图，如图20－20所示。

\<视图列表>			
A	B	C	D
视图名称	类型	规程	比例值1:
标高 1	楼层平面	建筑	100
标高 1	天花板平面	建筑	100
标高 2	楼层平面	建筑	100
标高 2	天花板平面	建筑	100
北	建筑立面	建筑	100
东	建筑立面	建筑	100
南	建筑立面	建筑	100
西	建筑立面	建筑	100
场地	楼层平面	建筑	100
{3D}	三维视图	建筑	100
标高 1	总建筑面积	建筑	100
标高 1	净面积	建筑	100
标高 2	净面积	建筑	100
标高 1	防火分区面积	建筑	100
标高 2	防火分区面积	建筑	100
标高 1	人防分区面积	建筑	100
标高 2	人防分区面积	建筑	100

图　20－20

第2节　导出明细表

在当前活动视图为明细表视图的情况下，单击"文件"选项卡内"导出"命令，选择"报告"内"明细表"命令，如图20－21所示。

在弹出的"导出明细表"对话框内修改名称，完成后单击"保存"。

如图20－22所示，可在弹出的"导出明细表"对话框中设置"明细表外观"及"输出选项"。"明细表外观"包括是否导出页眉、标题、成组的页眉、页脚及空行；"输出选项"包括字段分隔符、文字限定符，默认设置可不必更改，单击"确定"即可。

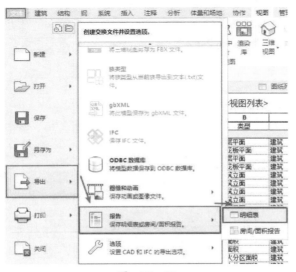

图　20－21

图　20－22

注意： 明细表外观中图示位置有部分选项被覆盖，可使用鼠标指针指向相关位置来显示信息，靠上则显示"导出列页眉"，靠下则显示"导出标题"，两个选项均默认为勾选状态。

打开导出的 TXT 格式的明细表，可发现其中信息之间关系并不清楚，解决此问题可新建一个 Excel 文档，全选文档内所有字符，复制然后粘贴到新建的 Excel 文档中，调整单元格，将该文件保存，完成此次导出明细表的转化，如图 20-23 所示。

视图列表			
视图名称	类型	规程	比例值 1:
标高 1	楼层平面	建筑	100
标高 1	天花板平面	建筑	100
标高 2	楼层平面	建筑	100
标高 2	天花板平面	建筑	100
北	建筑立面	建筑	100
东	建筑立面	建筑	100
南	建筑立面	建筑	100
西	建筑立面	建筑	100
场地	楼层平面	建筑	100
{3D}	三维视图	建筑	100
标高 1	总建筑面积	建筑	100
标高 2	总建筑面积	建筑	100
标高 1	净面积	建筑	100
标高 2	净面积	建筑	100
标高 1	防火分区面积	建筑	100
标高 2	防火分区面积	建筑	100
标高 1	人防分区面积	建筑	100
标高 2	人防分区面积	建筑	100
{三维}	三维视图	协调	100

图 20-23

第 3 节　课后练习

3.1　理论考试练习

1. 下列关于创建明细表的描述错误的是（　　　）。
   A. 明细表是以表格形式显示信息，从项目中的图元属性中提取
   B. 可以在设计过程中的任何时候创建明细表
   C. 如果对项目的修改会影响明细表，明细表将自动更新以反映这些修改
   D. 对项目进行修改，相关的明细表不会自动修改，需要"刷新"明细表以反映这些修改

2. 导出的明细表文件格式为（　　　）。
   A. txt　　　　　　　　　B. xml　　　　　　　　　C. html　　　　　　　　　D. xls

3. 明细表中，在（　　　）给数值添加单位。
   A. 字段　　　　　　　　B. 排序/成组　　　　　　C. 格式　　　　　　　　D. 外观

4. 明细表中（　　　）不属于其文字对齐方式。
   A. 两端对齐　　　　　　B. 顶对齐　　　　　　　　C. 底对齐　　　　　　　D. 左对齐

5. 明细表中可添加（　　　）个排序方式。

A. 2   B. 3   C. 4   D. 5

6. 明细表中，若只需要统计视图比例为 1:50 的视图，应在（   ）。

    A. 字段中添加视图比例为 1:50 的视图   B. 过滤器中添加过滤条件

    C. 排序/成组中修改排序方式   D. 格式中修改字段格式

3.2 实操考试练习：制作门窗明细表

使用配套文件 "第 20 章 实物量统计" 文件夹中的 "室内装饰模型"，统计如图 20 – 24 所示门窗明细表，要求样式一致。

<门窗明细表>

A	B	C	D	E	F	G
序号	名称	设计编号	制造商	门窗洞口尺寸（宽度X高度）	数量	框架颜色及品种
1	双扇平开窗	C1	家居设计有限公司	1200 x 1200mm	1	铝塑钢
2	双扇平开窗	C2	家居设计有限公司	2000 x 2000mm	3	铝塑钢
3	内室木门	M1	家居设计有限公司	750 x 2000mm	1	胶合板
4	推拉门	M2	家居设计有限公司	850 x 2100 mm	1	胶合板
5	浴室-嵌板玻璃门	M3	家居设计有限公司	900 X 2000 mm	1	磨砂玻璃
6	防盗钢化木门	M4	家居设计有限公司	900 x 2100mm	1	钢化木

图 20 – 24

案例解析

1）该题目中要求将门窗统计在一个明细表中，且不是以统计材质为主，故使用的明细表类型应为 "构件明细表" 中的 "多类别明细表"。

2）"多类别明细表" 会将当前项目中所有可载入族统计并显示，如要仅显示门和窗族信息，应设置 "过滤器" 条件，让不满足条件的其他可载入族隐藏。

3）据题分析，该表中统计的信息有序号、名称、设计编号、制造商、门窗洞口尺寸、数量、框架颜色及品种共 7 种信息，且所有信息下每个构件类型只显示一行，所以应设置 "排序/成组"，以某一条件成组并排序，并取消勾选 "逐项列举每个实例"。

4）所有列里显示的信息统一居中，应设置 "格式" 中所有字段的 "对齐" 为 "中心线"（或在明细表中选择所有列，在 "修改明细表/数量" 上下文选项卡下 "外观" 面板中 "对齐水平" 下拉菜单内选中 "中心" 命令）。

5）题中页眉统计信息大部分在 "可用的字段" 列表中找不到对应字段，应使用可显示相同信息的字段代替，然后修改字段名称使显示与题中相同。

6）题中有统计材质的字段，而 "多类别构件明细表" 无法直接统计构件材质，所以应该添加新的参数。

操作步骤

1）打开配套文件中的 "室内装饰模型"，如图 20 – 25 所示，单击 "确定"，创建 "多类别明细表"。

2）在弹出的 "明细表属性" 对话框中选

图 20 – 25

择字段，添加结果如图20-26所示，然后单击"新建参数"命令，在弹出的"参数属性"对话框中右侧"类别"分组下"过滤器列表"内仅勾选"建筑"，然后在下方列表中勾选"窗"和"门"，并在左侧"参数数据"列表下输入参数名称为"框架颜色及品种"，且修改"参数类型"为"材质"，结果如图20-27所示，单击"确定"完成参数属性编辑。

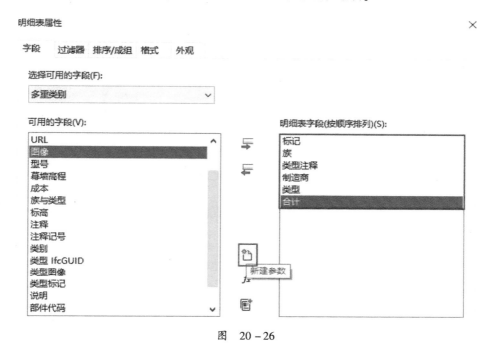

图　20-26

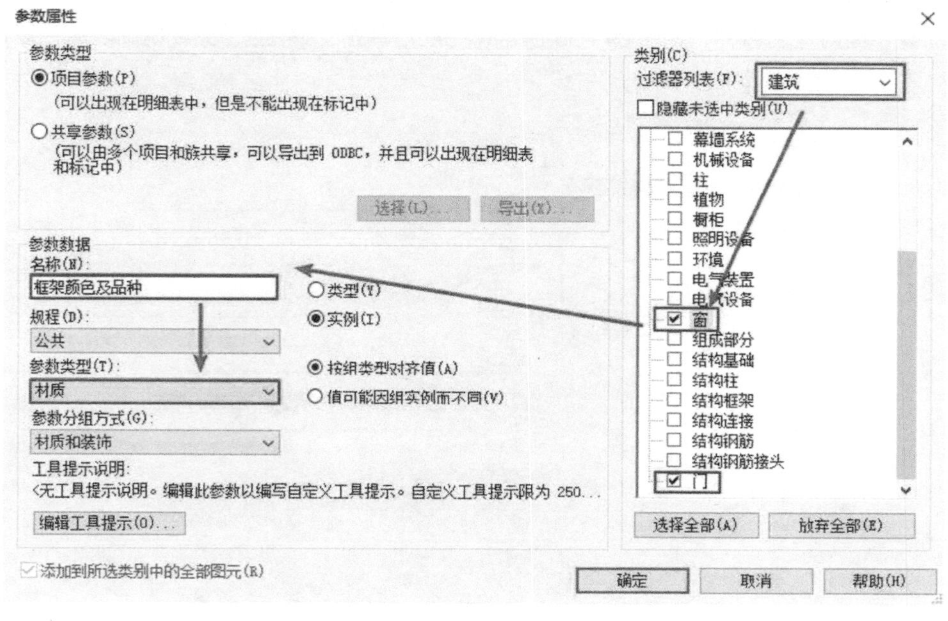

图　20-27

3）在"明细表属性"对话框中选择"过滤器"选项卡，设置"过滤条件"，如图20-28所示。

图 20 - 28

4）单击"排序/成组"选项卡，设置排序成组方式如图 20 - 29 所示。

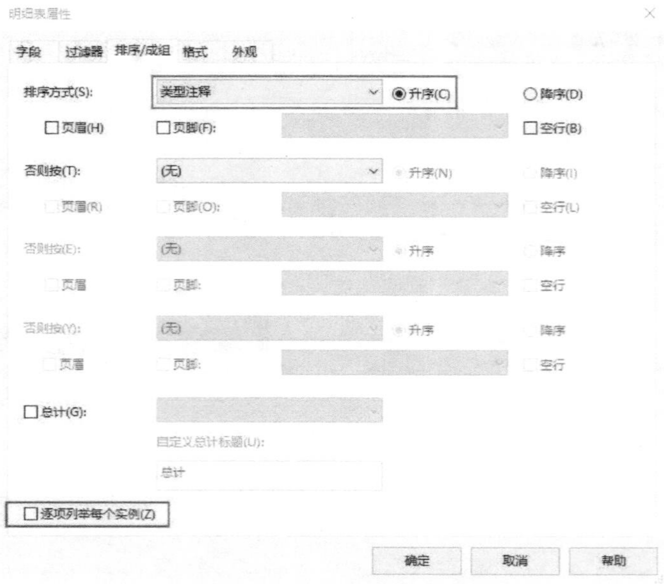

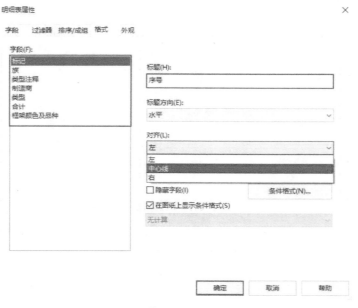

图 20 - 29

5）单击"格式"选项卡，依次修改所有字段"对齐"为"中心线"，并参照题中信息，修改所有"标题"为对应的名称，如图 20 - 30 所示，完成后单击"确定"，完成明细表属性设置。

图 20 - 30

6）单击"管理"选项卡下"设置"面板内"全局参数"命令，在弹出的"全局参数"对话框中单击左下角"新建全局参数"命令，如图20－31所示。在弹出的对话框中输入名称"塑钢窗"，修改参数类型为"材质"，单击"确定"完成全局参数创建，如图20－32所示。

图　20－31　　　　　　　　　　　　　　　　　　　图　20－32

7）重复上一步骤依次创建"塑钢窗""钢化门""木门""玻璃门"四个材质参数，并依次指定材质值为"铝塑钢""钢化木""胶合板""磨砂玻璃"，完成后如图20－33所示。

图　20－33

8）如图20－34所示，在多类别明细表中选择对应窗族所在行的任意单元格，然后单击"修改明细表/数量"上下文选项卡中"在模型中高亮显示"命令，视图自动跳转至合适视图，然后在弹出的"显示视图中的图元"对话框中单击"关闭"，结束继续跳转视图显示图元。

图　20－34

9）如图 20 – 35 所示，属性面板自动更新为当前图元属性信息，单击属性面板中"材质和装饰"分组下"关联全局参数"命令，弹出"关联全局参数"对话框，如图 20 – 36 所示。参照题目所给信息，选择对应的材质参数并单击"确定"，完成参数关联。

图 20 – 35   图 20 – 36

10）以"双扇平开窗"为例，单击"编辑类型"，在"类型参数"对话框中，单击对应参数后边的"关联全局参数"命令，选择对应的全局参数产生关联，如图 20 – 37 所示。

材质和装饰	
窗台材质	理石台面
玻璃	玻璃
框架材质	铝塑钢
贴面材质	铝塑钢

图 20 – 37

11）重复前面三步，依次将所有门、窗的实例属性"框架颜色及品种"与相关类型材质属性与对应全局参数关联。最后修改标题"多类别明细表"为"门窗明细表"，完成结果如图 20 – 38 所示。

<门窗明细表>

A	B	C	D	E	F	G
序号	名称	设计编号	制造商	门窗洞口尺寸（宽度X高度）	数量	框架颜色及品种
1	双扇平开窗	C1	家居设计有限公司	1200 x 1200mm	1	铝塑钢
2	双扇平开窗	C2	家居设计有限公司	2000 x 2000mm	3	铝塑钢
3	内室木门	M1	家居设计有限公司	750 x 2000mm	1	胶合板
4	推拉门	M2	家居设计有限公司	850 x 2100 mm	1	胶合板
5	浴室-板板玻璃门	M3	家居设计有限公司	900 X 2000 mm	1	磨砂玻璃
6	防盗钢化木门	M4	家居设计有限公司	900 x 2100mm	1	钢化木

图 20 – 38

 注意：

1）添加"项目参数"可解决多类别明细表不能统计材质的问题。

2）当多类别明细表可以统计材质之后，但是不同构件的材质信息彼此独立、互相不关联，即使材质相同，也需要修改两次。将"项目参数"和"族参数"一并关联至"全局参数"后，可通过全局参数统一修改所有同材质的构件，真正意义上实现参数化，一变全变，确保每个材质信息参数都为门窗构件的真实材质信息。

第21章 可视化展示

技能要求：

○ 掌握渲染的使用及相关设置
○ 掌握漫游的创建及相关编辑

第1节 渲染

1.1 相机视图

1. 创建相机

1）打开 Revit 软件，打开配套文件"第21章 可视化展示"文件夹中的"场地模型"案例。单击"视图"选项卡下"创建"面板中"三维视图"下拉菜单内"相机"命令，如图21-1所示。然后可在选项栏中设置相机的视图属性是否为透视图，相机的放置标高与偏移量，如图21-2所示。取消勾选"透视图"选项，创建的相机视图即变为正交视图。

图 21-1

可以从放置在视图中的相机的透视图来创建三维视图。

☑透视图 比例: 1:100 ⌄ 偏移: 1750.0 自 标高1 ⌄

图 21-2

2）设置完成后可在平面视图中放置相机。单击"秋千"构件的右下方放置相机，移动鼠标指针到草坪方向位置，单击以确定相机查看方向，如图21-3所示。

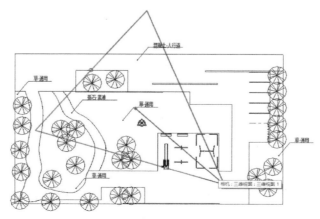

图 21-3

3）放置完成后视图将自动跳转至相机视图，与此同时，项目浏览器内"三维视图"分组下会自动创建"三维视图1"视图，如图21-4所示。

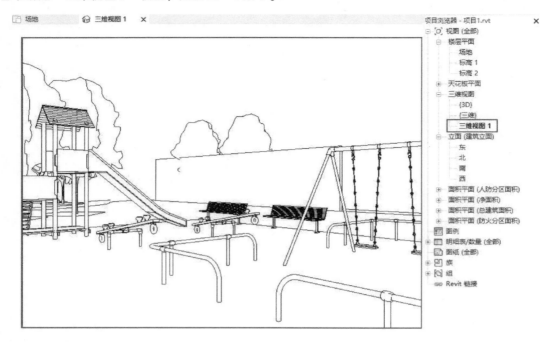

图　21-4

2. 相机设置

在属性面板中可修改当前相机视图设置，如图21-5所示。"裁剪区域可见"控制相机可见边界显示，"远剪裁激活"控制相机最远查看距离，"裁剪视图"控制相机显示（取消勾选此属性则前两项属性默认同时取消，但不影响再次勾选），"渲染设置"控制相机视图当前显示状态（在未启动渲染器时的视图显示），"投影模式"控制当前视图状态（正交/透视），"视点高度"控制当前相机高度，"目标高度"控制相机观察点高度。

图　21-5

1.2　渲染

1. 渲染视图

1）单击"视图"选项卡下"演示视图"面板中"渲染"命令，弹出"渲染"对话框，如图21-6所示。在"渲染"对话框中，直接单击"渲染"命令，即可完成渲染，结果如图21-7所示。

图　21-6

图　21－7

2）可勾选"区域"命令，相机视图中显示红色矩形线框，如图 21－8 所示。可选择此线框并拖拽其大小，当勾选此选项时只有在线框内部的才会被渲染，渲染结果如图 21－9 所示。

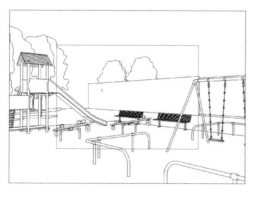
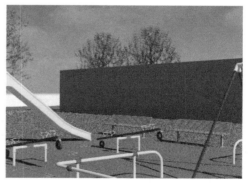

图　21－8

图　21－9

2. 质量设置

1）单击"质量"分组下"设置"下拉框，在下拉框中可选择渲染图片的质量，如图 21－10 所示。

2）渲染质量由低到高的设置分别是："绘图""中""高""最佳"，四类预设质量设置。此四类设置已满足一般情况下的需求，渲染的时间随着质量的提升也不断增加。当之前已单击"渲染"命令进行过一次渲染后，再次选择其他预设质量设置，视图正上方将提示当前图像质量不会自动跟随修改而更新，需要重新渲染。

图　21－10

3. 输出设置

1）如图 21-11 所示，在"渲染"对话框内"输出设置"分组下可设置输出图片时的"分辨率"，在渲染图片时根据分辨率设置的大小，来渲染图片，同一张图相同质量下分辨率越高，需要渲染的时间越长。

2）当"分辨率"设置为"屏幕"时，渲染图像则只渲染当前视图中可见的范围，在当前视图区域之外的则不进行渲染。例如：在三维视图中对建筑某角落进行渲染，除可见区域外，其他位置均不进行渲染。当分辨率为"打印机"时，则会将当前视图中所有可见的图元进行渲染，而不局限在屏幕可见区域，即将整栋建筑进行渲染。"打印机"分辨率从低到高有"75 DPI""150 DPI""300 DPI""600 DPI"四个预设选项，也可手动输入数值调整。渲染图像文件的大小，可通过"未压缩的图像大小"来观察，如图 21-12 所示。

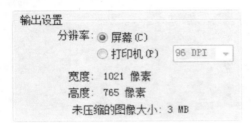 

图 21-11　　　　　　　　　　　　图 21-12

4. 照明方案

1）在"渲染"对话框内"照明"分组下可进行渲染图片时照明的设置，如图 21-13 所示。

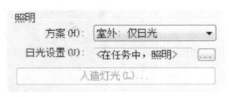

图 21-13

2）单击"方案"下拉框，可选择多种预设好的"方案"，如图 21-14 所示，其中"室内"与"室外"的分类只是预设的"调整曝光"设置不同，不会出现渲染室外景像时，选择"室内"照明方案无法渲染的情况。

3）如图 21-15 所示，可单击"图像"分组下"调整曝光"命令来查看或修改相关信息。渲染时日光的渲染仅受太阳位置的影响，而人造光指在项目中有"光源"属性的灯构件，在"仅日光"的方案中，灯构件将不起作用。

 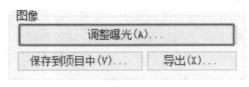

图 21-14　　　　　　　　　　　　图 21-15

4）如图 21－16 所示，单击"日光设置"命令设置"选择太阳位置"。如图 21－17 所示，弹出"日光设置"对话框，其中"日光研究"分组用于设置日照方案，渲染时主要用"静止"及"照明"两类方案。

图　21－16　　　　　　　　　　　　　图　21－17

5）当选择照明方案为"静止"时，"设置"分组下出现"地点""日期""时间""地平面的标高"四个设置选项。可更改"位置"选项以获得更准确的地理位置信息，同时调整"日期""时间"选项，来获取某位置下该时间的阳光照射情况，如图 21－18 所示，光照设置为北京 2018 年 6 月 16 日上午 10：04 的太阳照射情况。

6）当"日光研究"方案为"静止"时，"预设"分组将出现"在任务中，静止""夏至""冬至""春分""秋分"五个预设方案，如图 21－19 所示。

图　21－18　　　　　　　　　　　　　图　21－19

7）如图 21－20 所示，日光研究为"照明"方案时，"设置"分组下为"方位角""仰角""相对于视图"三个设置，其中"方位角"是相对于正北的方位角角度（单位为度），范围从 0°（北）到 90°（东）、180°（南）、270°（西）直至 360°（回到北）。"仰角"是指相对地平线测量的地平线与太阳之间的垂直角度。仰角角度的范围从 0°（地平线）到 90°（顶点）。要相对于视图的方向来确定日光方向，则勾选"相对于视图"。或者，要相对于模型的方向来确定日光方向，取消勾选"相对于视图"即可。

8）如图 21－21 所示，同时"预设"分组下会同步更换预设方案为"在任务中，照明""来自右上角的日光"和"来自左上角的日光"。

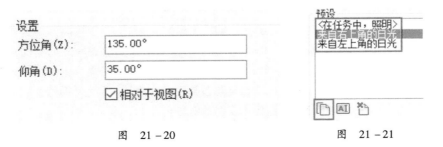

图　21－20　　　　　　　　　　　　　图　21－21

9）当方案设置中有"人造光"时，"人造灯光"选项将亮显，如图 21-22 所示。单击"人造灯光"命令，在弹出的"人造灯光 – 三维视图 1"对话框中可设置项目中灯光的开启与关闭，如图 21-23 所示。

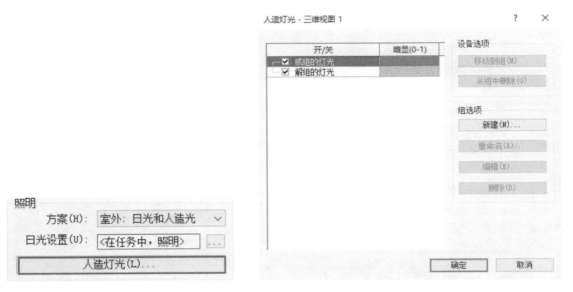

图　21-22　　　　　　　　　　　图　21-23

10）在"人造灯光 – 三维视图 1"对话框中，通过勾选或取消勾选"开/关"列表内相关灯光，可控制灯光在渲染时是否渲染。可在场景中相机视图内插入放置多个路灯族，再次单击"人造灯光"命令时，右侧"解组的灯光"列表将显示对应的灯光族，如图21-24所示。

5. 背景样式

1）如图 21-25 所示，在"渲染"对话框内，单击"背景"分组下"样式"设置下拉框，可设置天空与地面部分的显示。其中"天空：无云"到"天空：非常多的云"五个预设背景设置在渲染时天空部分将渲染无云到多云时的天空景象。

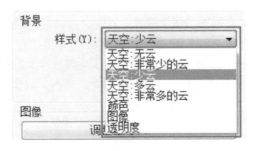

图　21-24　　　　　　　　　　　图　21-25

2）如图 21-26 所示，在"样式"设置中选择"图像"设置，在弹出的"背景图像"对话框中，可单击"图像"命令，在弹出的"导入图像"对话框中选择需要导入的图像，完成后单击"打开"完成导入。导入完成后，可在"比例"分组中设置被导入图像的比例为：原始尺寸（对齐导入图像尺寸中央，不缩放）、拉伸（缩放至与渲染尺寸一致）、宽度（图像宽度与渲染图像宽度缩放对齐）、高度（图像高度与渲染图像高度缩放对齐）。

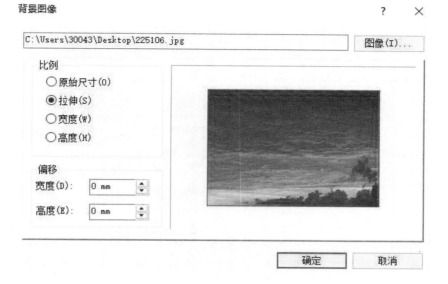

图　21 - 26

3）在"样式"设置中选择"透明度"设置，渲染后背景将不再被渲染，背景显示为空，如图 21 - 27 所示。

图　21 - 27

6. 图像导出与保存

1）渲染完成后可单击"图像"设置中的"导出"命令，在弹出的"保存图像"对话框中选择和修改保存位置、名称及文件类型。

2）单击"保存到项目中（V）…"命令，在弹出的对话框中输入图片的名称后，渲染的图片将会保存在项目中，单击"项目浏览器"中"渲染"视图分组下可以查看渲染图片，如图 21 - 28 所示。

3）选择活动视图为保存的图片视图，如图21－29所示，单击"文件"选项卡下"导出"中"图像和动画"内"图像"命令。如图21－30所示，"输出"分组用于选择导出的图像文件的位置及名称；"导出范围"分组用于控制导出的视图；"图像尺寸"分组用于控制图像像素（清晰度）；"格式"分组用于控制导出后的文件格式；"选项"分组用于控制导出时视图内一些图元的显示方式。设置完成后单击"确定"，即可导出。

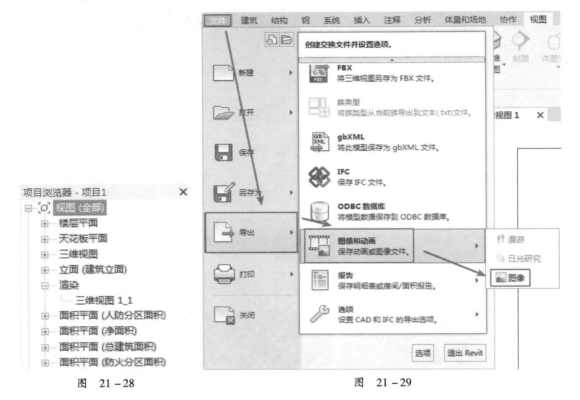

图　21－28　　　　　　　　　　　　　　　　图　21－29

图　21－30

注意：若背景设置为透明度时，保存的文件类型只有两种格式可以设置。

第2节 漫游

2.1 创建漫游

1）打开配套文件"第21章 可视化展示"文件夹中的"场地模型"案例。打开要放置漫游路径的视图（漫游通常在平面视图中创建，但也可在剖面、立面、三维视图中创建），进入"场地"楼层平面，如图21-31所示。

2）如图21-32所示，单击"视图"选项卡下"创建"面板中"三维视图"下"漫游"命令。将鼠标指针移至绘图区域，在"场地"平面视图中"秋千"下方位置单击，开始绘制路径。漫游所要经过的路径，每一次点击可视为建立了一个节点（即关键帧），用于控制路径走向，布置在场地道路一周，单击"修改｜相机"选项卡下的"完成"命令或按〈Esc〉键完成漫游路径的绘制，如图21-33所示（红点处即为路径的关键帧）。

图 21-31　　　　　　　　　图 21-32

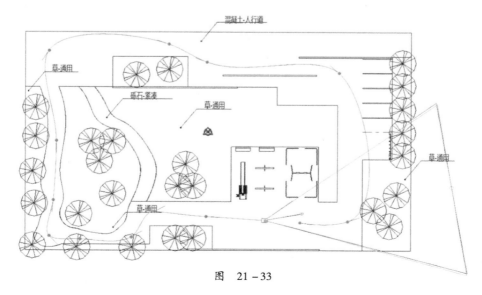

图 21-33

3）如图 21 – 34 所示，绘制路径时可修改选项栏内设置，用于设置漫游视图属性，其中"透视图"被勾选后创建的漫游视图将改为透视图，取消勾选则为正交视图，"自"及"偏移"属性可设置点击的节点（关键帧）的相机高度，例如可设置为上下楼或者飞行器拍照的效果。

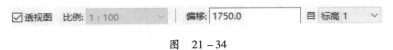

图 21 – 34

4）在完成路径创建后，同时"项目浏览器"内多出"漫游"视图分组，该分组下同时创建"漫游 1"视图，如图 21 –35 所示。

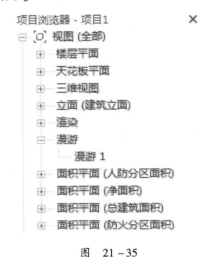

图 21 – 35

2.2 编辑漫游

1）完成漫游路径创建后，单击"修改｜相机"选项卡下"漫游"面板内"编辑漫游"命令，功能区及选项栏如图 21 – 36 所示。

图 21 – 36

 注意：绘制完成漫游之后，如果不小心点击了空白区域，将退出漫游命令。可以在项目浏览器中打开漫游视图，选中漫游相机的边框，可在选项卡下再次出现"编辑漫游"。

2）可多次单击"上一关键帧"或"上一帧"命令使视图中处于最后一关键帧的相机移动至最初第一点关键帧位置（也可直接在选项栏中帧数输入 1）。直至移动到第一点关键帧后，"上一关键帧"及"上一帧"命令将灰色显示不可用状态，如图 21 –37 所示。

图 21 - 37

> ⚠️ **注意**：默认创建出的帧数为 300 帧，单击上一关键帧可以逐帧调节相机，如果感觉此方式比较慢，也可通过单击关键帧，仅调节几个关键点来对整体状况进行调整。

3）在相机移动至第一点关键帧后，可单击"播放"来观察相机在移动过程中的朝向与可见范围，其中相机的朝向可在绘图区域中单击相机的"移动目标点"来调整，如图 21 - 38 所示。

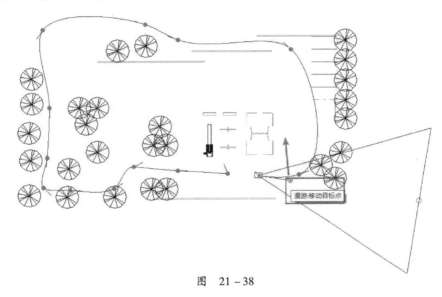

图 21 - 38

4）相机呈三角状的线框是当前相机的可见范围，如图 21 - 39 所示，当前相机无法看见位于三角线框外的树木。

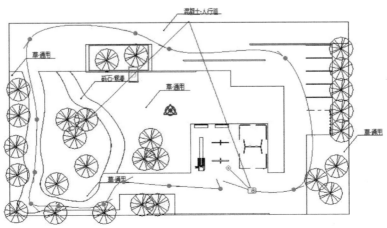

图 21 - 39

5）可以单击拖拽三角线框中呈透明状的圆点来扩大可见范围，或修改属性面板中"远裁剪偏移"的值来使相机可见范围扩大，又或者可直接取消勾选"远裁剪激活"来使相机不再有可见距离的限制，取消勾选"远裁剪激活"后相机显示如图21 -40所示。

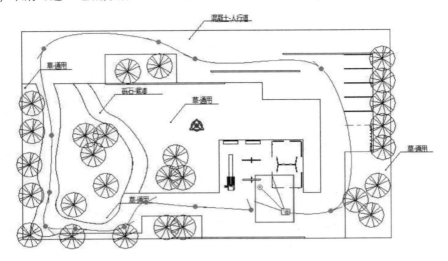

图　21 -40

6）如图21 -41所示，可修改"选项栏"中"控制"列表内设置为"路径"，即可在平面视图中拖动路径上的"关键帧"来修改路径位置。

图　21 -41

7）完成上一步后，关键帧均变更为蓝色透明圆点，可通过鼠标指针点击并拖拽进行修改，如图21 -42所示 。

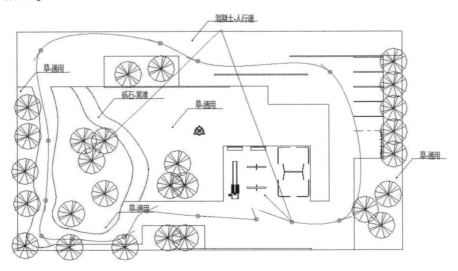

图　21 -42

8）可以对路径关键帧进行添加或删除，添加或删除时"控制"设置更改为"添加关键帧"或"删除关键帧"即可。添加关键帧时需要将鼠标指针点击在已有的路径上，不能在非路径的位置点击添加关键帧；删除关键帧时，用鼠标指针点击关键帧即可删除，如图 21 - 43 所示，删除了原有关键帧并添加了一个新的关键帧。

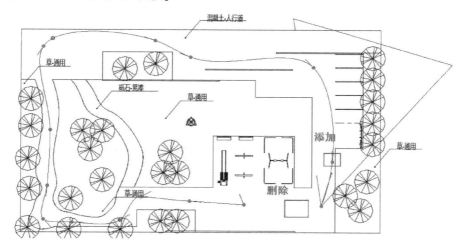

图　21 - 43

9）如图 21 - 44 所示，单击"300"（"帧设置"命令），在弹出的对话框中可设置当前漫游"总帧数"及每秒帧数"帧/秒"，在勾选"匀速"状态下，所有关键帧无论远近播放时速度不会加快或减慢。此时"总时间"设置根据总帧数及每秒帧数自动计算结果，同时下方关键帧加速器无法修改，如图 21 - 45 所示。

| 修改 | 相机 | 控制 | 活动相机 | ∨ | 帧 | 300.0 | 共 | 300 |

图　21 - 44

图　21 - 45

10）取消勾选"匀速"后，关键帧加速器变更为可修改状态，如图 21 - 46 所示，"加速器"列的值修改范围为"0.1 ~ 10"。修改完成后"已用时间"列的值同时变化以显示修改结果，修改完成后单击"确定"。

11）设置完成后单击"编辑漫游"选项卡下"漫游"面板中"打开漫游"命令，视图自动跳转至漫游视图"漫游1"，再单击"播放"命令即可观察修改完成后的结果（视图的视觉样式属性设置决定观看漫游时，视图中建筑的显示样式），如图21－47所示。

关键帧	帧	加速器	速度(每秒)	已用时间(秒)
1	1.0	1.0	12795 mm	0.1
2	6.3	10.0	27948 mm	0.4
3	87.4	0.1	1279 mm	5.8
4	199.6	1.0	12795 mm	13.3
5	207.4	1.0	12795 mm	13.8
6	226.3	1.0	12795 mm	15.1
7	241.3	1.0	12795 mm	16.1

图 21－46

图 21－47

12）如图21－48所示，单击"打开漫游"命令后，可直接单击"文件"选项卡下"导出"选项内"漫游"命令。

图 21－48

13）在弹出的"长度/格式"对话框中"输出长度"分组下可选择直接导出"全部帧"，或是导出指定的"帧范围"，如图21－49所示。

14）如图21－50所示，在"格式"分组下可选择导出后视频显示的"视觉样式"，其中"渲染"选项可使导出的视频每一帧都按照"渲染"对话框中的设置进行导出，其余各类设置使导出视频时，每一帧都与视图中"视觉样式"相同的设置结果导出。

图 21-49　　　　　　　　　　　　　　　图 21-50

15）如图 21-51 所示，在"格式"分组下可选择导出后视频的尺寸大小，以及是否在视频中显示时间和日期戳。

16）设置完后单击"确定"，在弹出的"导出漫游"对话框中可修改文件名称并保存。单击保存后，弹出的对话框中默认为"全帧（非压缩的）"，如图 21-52 所示，产生的文件会比较大，建议在下拉列表中选择压缩模式为"Microsoft Video 1"，此模式为大部分软件可以读取的模式，同时可以使文件变小，单击"确定"将漫游文件导出为外部 AVI 文件。

图 21-51　　　　　　　　　　　　　　　图 21-52

第3节　课后练习

1. 关于相机视图（　　）。
   A. 只能在平面视图创建　　　　　　　　B. 不能修改其视觉样式
   C. 在相机视图里不可调整模型的位置及角度　　D. 不能修改其视图比例

2. 渲染完成后，渲染区域全部显示为白色，是由于（　　）造成的。
   A. 渲染质量太低　　　　　　　　　　　B. 渲染输出分辨率不对
   C. 照明方案设置为"室外：仅日光"　　　D. 图片曝光值太亮

3. Revit 渲染背景样式不包括（　　）。
   A. 天空　　　　　　B. 地平线　　　　　　C. 图像　　　　　　D. 透明度

4. 默认漫游总帧数为（　　）。
   A. 200　　　　　　B. 300　　　　　　　C. 400　　　　　　D. 500

5. 漫游导出格式不包含（　　）。
   A. mp4　　　　　　B. png　　　　　　　C. avi　　　　　　D. gif

6. 如何创建透视三维视图（　　）。
   A. 创建相机视图，选项栏勾选"透视图"　　B. 创建默认三维视图
   C. 修改原有三维视图视觉样式为"透视"　　D. 创建图纸